樹上看見的世界

攀樹人與老樹、巨木的空中相遇

臺灣首位ISA 認證攀樹師
鴨子 / 翁恒斌 ——攀樹趣創辦人

推薦序｜荒野保護協會榮譽理事長

李偉文

探索忽略的平行宇宙──「樹上看見的世界」

這幾年臺灣的自然體驗活動中，偶爾可以看見一群大人與孩子，吊掛在大樹上看世界，攀樹以環境教育的項目被引進後，已有越來越多民眾有機會進到樹冠層，這個我們又熟悉又陌生的世界。

據估計，目前已知的生物種類有百分之六十以上棲息於樹冠上，除了附生、寄生的植物外，還有許多昆蟲以及動物，包括會飛的鳥，有飛膜的嚙類，以及善於爬樹的靈長目動物等。

作者恒斌（自然名鴨子）因為喜愛大自然而接觸攀樹，更進而全心投入，經過訓練而成為合格的攀樹師，最後並以此為專業工作，也讓我們得以知道，一個專業的攀樹師除了帶領民眾以不同角度看世界之外，還有許多重要的工作必須倚賴攀樹的專業，比如科學研究的調查，保育的種子採集，乃至於樹木修剪及危樹移除等。

我相信每個喜歡大自然，以生態保育為職志的人，都會很羨慕他的專業與工作，因為正如他所描述的，站在大樹的樹冠上俯視森林是種帝王般的享受：「如果恰巧有陣風吹來，還可以看到所有樹一層層地從遠方如波浪般搖曳過來，等風吹拂過來時，就跟著樹一起搖曳。在那個瞬間我沒有絲毫擔心或害怕，只覺得自己跟森林有一樣的頻率。」

他的幾個觀察也很有趣，比如溪頭這個每天遊客成千上萬的觀光區，他掛在大樹上，三十公尺外充滿喧囂，但樹上的他卻像脫離塵世，如平行世界般的存在。又比如在步道旁的大樹上，許多登山客來來往往，甚至坐在樹下吃午餐，卻彷然不覺頭上幾公尺處有人掛在那裡。

是的，即便我們走進森林，讚嘆大樹的生命力，卻往往忘記抬起頭來，將思維向上攀升到樹梢，看到另一個世界，也錯失這個宇宙間最令人驚奇的存在。

鴨子這本《樹上看見的世界》透過他精彩的經驗，會讓我們下次遇到一棵大樹時，不再匆匆經過，而會駐足停留，並且決定一定要像他一樣，攀到樹上看世界。

看見樹上的鴨子

和鴨子的影像約會，不是在懸崖陡壁、就是在高來高去的巨木上。

樹上的鴨子吊掛著一身專業勁裝，修枝、採種、為樹健檢……透過他攀爬穿梭在枝幹綠蔭中的矯健身手，我們視野全開，有如欣賞一場動靜之間的剛柔演出。最難得的是，他還運用溫厚流暢的文字，將森林樹木的千姿百態、攀樹師的日常、大樹上一目千里的風景，書寫得讓人不自覺想要走入森林、仰首敬樹。

樹上的鴨子，再版分享《樹上看見的世界》，絕對讓你很想立刻找一棵樹來抱抱。

人文山岳導演──**麥覺明**

如果愛樹的方式可以區分，我屬於地上的，鴨子屬於天上的。我總在樹下找種子，或是抬頭仰望。但是鴨子選擇從樹下攀到樹上，於傳說中的第八大陸「樹冠層」，感受不一樣的世界。這幾年，攀樹在台灣大流行，鴨子功不可沒。不過，攀樹有一定的難度跟任務，不是想攀就一定上得去，也不是上去下來這麼簡單。我從書上看到鴨子如何克服攀上摩鹿加合歡、最大的樟樹神木、茄冬、紅檜、巒大杉、台灣杉，甚至連巨龍竹都能攀。鴨子挑戰自己，也在樹上有了不同的生命體悟。這不只是一本介紹、推廣攀樹的書，更是鴨子的生命歷程記錄，鴨子帶給所有人最勵志的故事。我用味道認識植物，鴨子用攀樹熟悉大樹。鴨子說，希望有一天讓我可以睡在自己的大樹上，我不僅是期待可以睡在樹上，更希望可以把鴨子的書《樹上看見的世界》也一起帶上樹。

金鼎獎科普作家——**胖胖樹 王瑞閔**

樹一直都在，在路邊、在公園、在山上。樹在等待，等待人的靠近，走進、觸摸與仰望。每個人都有一棵自己的大樹。

向上攀樹是一種閱讀，隨著繩索上溯樹的生命長河，樹皮殘留土地的滋味與無數風吹雨打之後的堅韌。再爬，再攀……緩緩向上，發現自己並非依偎在一株樹上。望見森林，看見世界，我們陪伴彼此。

黑熊生態研究者 作家——**郭彥仁**（郭熊）

做為一個兒童生命教育工作者，我們喜愛帶孩子以各種不同的角度認識自己生長的家鄉，樹的高度真的是一個特別的高度，尤其是在那些我們既熟悉又陌生的巨樹之上。《樹上看見的世界》分享了作者對生命的熱忱，用最單純的心去親近我們的土地，就像大樹深深地在土地中扎根，然後用最大的熱情向天際攀爬。

野家院子 兒童自然美學創辦人——蔡靜芬

正確地爬樹對人對樹都是安全的；學習攀樹其結果就是學會對樹木由衷的尊重與至死不渝的感動。

台灣行道樹粉絲團老編

PREFACE

「玩」到極致後，

我愈發覺得我是在攀我的人生樹。

樹，會等你，但需要朝它走去

「各位學弟妹好，我是你們學長，今天來帶大家攀樹，學長以前在學校時，這棵樹就在了喔，所以我們是看著同一棵樹長大的。」二〇一七年的那天，我不要臉地對著母校林中國小的學生說了這句話，而當年的同班同學，現在正是學校的家長會副會長。

這天要爬的樹是校園內最大的樹木，也是校園內唯一從我就讀時到現在仍保留的樹，其他樹木都已經被更新了一輪，連校舍也幾乎全部改建了。每次要說服學校在校內辦理攀樹活動時，我總是會說，如果學生們畢業二、三十年後回到母校，老師應該都退休了，校舍可能也改建了，唯一可能留下的，就是樹木了。但如果在校時跟樹木沒有任何生命上的連結，也就不會有特別的回憶存在；反之，如果曾攀過這棵樹，當他帶著自己的孩子回到樹下時，便能對孩子說：「爸爸（媽媽）以前爬過這棵樹喔！」

沒想到，我試著說服各個學校老師所用的情境，真實地在我身上演出，這天所爬的樹木，正是以前我跟家長會副會長等好朋友偷翻牆出去買零食時，長在牆邊的一棵大樹。

「以後請讓我來幫這棵樹修剪。」我對著校長說。

「命懸一線」的故事總是令人覺得新奇又吸睛，能夠恣意地在樹上徜徉、穿梭甚至飛躍，那可

作者序｜臺灣首位ISA認證攀樹師

翁恒斌

是多麼讓人嚮往，若在樹上從午後時光慵懶地度到向晚，那肯定是享受了。究竟我們需要甚麼理由才去攀到樹上？回歸當初一頭栽到樹上的原因，純粹就只是「愛玩」，只是沒想到攀樹帶給我的不只是玩，「玩」到極致後，我愈發覺得我是在攀我的人生樹，「跟人生一樣，不要放棄，總是會到的」、「跟人生一樣，慢慢累積就會到達新高」、「跟人生一樣，開始爬才會變厲害」、「跟人生一樣，跟自己比賽就好」。

其實我只是認真地去做這些人生所有重要的小事而已，從沒想過會有人來對我說「你是有故事的人」、「我想採訪你」、「你願意來上節目嗎」、「你做的事好有理念，謝謝你」，更誇張的是有人來問我：「你願意出書嗎？」當初抱著去聊聊然後勸退出版社想法的我，不敢置信地現在正為了書的序而苦惱著，誠摯地感謝當初說服我的社長張淑貞，跟這一年來辛苦協助我的總編輯許貝羚、還有責任編輯謝采芳，沒有你們這本書就不可能開始，當然更要感謝我的夥伴杜裕昌及許荏涵這一年來的包容與辛苦，謝謝五犬山莊的薰姐及烏桕大哥，還有更多幫助我的朋友們，沒有你們的支持跟信任就不會有現在的我跟攀樹趣，當然，最重要的就是感謝我老爸跟老媽了！

樹，會等你的！但卻需要你朝它走去，有機會真想邀你一起來攀樹，那是只看書也得不到的感受。

嗨，我是攀樹師——翁恒斌。

Contents

台灣行道樹粉絲團老編

Tree Dictionary
攀樹小百科

【常見Q&A】

【上樹的流程】

COURSE
教學

JOURNEY
雪地

攀樹人們

Tree People

主要登場人物

威廷

目前任職於臺大實驗林，是道道地地的森林人，每天工作都要先面對一整片森林，辦公室旁邊就有40公尺以上的大樹，羨慕死其他攀樹師。但現在最常要做的可能是一早的指揮交通跟遊客管理。

道地的森林人

鴨子

臺灣首位攀樹師（抽籤的）

以前沒工作時到處找樹爬，現在工作多了到處想爬樹。目前除了帶人攀樹、教人攀樹跟攀樹修樹外，偶爾還要在基地除除草，攀樹時最常對大家說的就是「攀樹跟人生一樣，慢慢爬也會到」。

臺灣攀樹師考試權威（考最多次）

裕昌

臺灣攀樹師界首位從拋家棄子的電子新貴，毅然轉行投入大樹懷抱，成為愛妻顧子的好男人，與編劇老婆以男朋友、女朋友互稱，是樹上遇到愛的代表。2016年臺灣攀樹比賽男子組冠軍。

荏涵

於2017年成為臺灣首位ISA的女性註冊攀樹師，同年成為臺灣攀樹錦標賽女子組冠軍，並於2018年成為臺灣首位前往美國參加ITCC（國際攀樹錦標賽）的女子代表。夢想是藉由攀樹到世界各地旅遊，當然有男伴就更好了。

攀樹美少女（自稱）

行動派女生

家儀

很有個性的一位女生，不知道是少根筋還是行動力旺盛，說話直接，率性而為，相對於出外在朋友家寄宿，可能獨自一人在山林裡露營更令她自在。比起練習攀樹技術，說要爬大樹更能引起她的興致。

攀樹師的「日常」。

Tree People's Daily

01

攀樹師是怎樣的工作呢？

跟樹有關種種大小事，像是修剪、移除枯木、調查附生植物，或是救援卡在樹上的動物或機器，特別是要攀到幾十公尺高，就需要靠專業的攀樹技術來作業。

迷人又危險的工作

- 修剪樹木
- 摘蜂窩
- 樹冠層調查
- 救小貓、老鷹
- 採集樹上的植物做研究
- 協助電影拍攝
- 救飛行傘
- 救空拍機

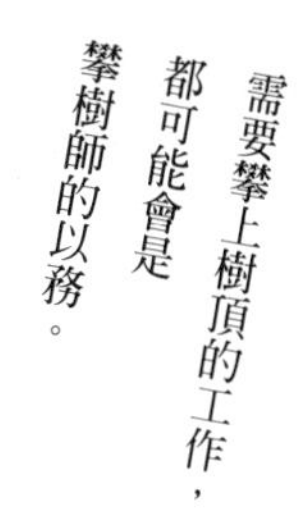

需要攀上樹頂的工作，都可能會是攀樹師的以務。

1 從樹上採集巨大的崖薑蕨。
2 運用繩索技術進行修樹。
3 在忘憂森林救卡在樹上的空拍機。
4 協助拍攝電影特技架設。

02

攀樹，也是一種休閒活動

攀樹除了運用於樹木工作，漸漸地也發展出休閒攀樹。平時鴨子也帶領一般民眾、學校進行攀樹體驗，目前遇到的體驗者，年齡層跨及四歲到八十五歲。最開心的是，許多人藉由攀樹與樹木近距離接觸，無形中也開始重視自己居住環境的樹了。

攀樹還能做這些事

比賽

拍婚紗

樹上露營

環境教育

耍帥

放空

樹上能做的事情比你想像得多！

1 攀樹體驗無形中讓人更愛樹。
2 在20公尺高看漫畫。
3 在樹上拍婚紗，另一種浪漫。
4 攀樹比賽。

03

每一棵樹都是獨特的相遇

無論是值勤或是放鬆，總喜歡尋找各地的Big tree，挑戰新高度，一次次發現樹頂的美麗風景，目前已攀過幾百棵樹。最享受的事情，就是坐在樹上迎著風，與整座森林一起搖曳，心安靜下來的那一刻吧。

那些年我遇見的樹

1

2

3

4

5

1 最迷人！湖景美樹睡一晚。
2 目前最高紀錄：70米臺灣衫。
3 新種類！挑戰爬竹子。
4 雪地攀樹！肅穆的五百年老橡樹。
5 千年神木！無以倫比的生命體，擁有巨大的能量。

上班爬樹，下班也爬樹的人生。

春芽夏綠，秋實冬雪，
如水墨畫的樹頂風景。

樹頂的一側靠山，
可飽覽底下森林的樹冠；
另一側兀出稜線，
可俯瞰綠水環抱青山。

臺灣僅存約一千棵的孑遺物種

臺灣油杉

01

樹木年齡	200～500年
樹木高度	約28公尺
生長位置	坪林
本次任務	調查樹上的附生植物

自從開始攀樹人生後，至今我大概經歷了幾個階段，大致簡單分類為：一、瘋狂練爬期；二、高度迷戀期；三、樹種蒐集期；四、探索磨合期。這些時期直接照字面上的意思，應該都滿好理解的。

第一次攀樹會恐懼，第二次便是迷戀了

在「瘋狂練爬期」，大概每週都會有二天以上的時間在練習攀樹，那時的想法很單純，就是為了增進攀樹能力，將老師所教的技術一項項發揮到極致。等攀樹技術到了一定程度後，突然有「既然要攀樹，豈有不爬高」的動機，便開始追尋各地的大樹。當然高度這件事，要攀上那個極限世界，才能感受到腦中多巴胺，第一次會恐懼，第二次便是迷戀了，這才導致了「高度迷戀期」。

再說到「樹種蒐集期」，這從第一階段開始到如今，其實一直在持續中，我衷心認為每種樹都有自己的個性，甚至是同種不同棵的樹，有時爬起來也有相當不同的觸感，所以只攀爬固定的樹或樹種，肯定遇不到你

的「真愛」，而且攀過愈多樹種，攀爬經驗與技術也會漸漸提升。說來可惜，懶惰的我不知從幾時開始不再記錄自己去哪裡攀樹、攀什麼樹、樹有多高、胸高樹圍多少……幸好我的大學學長——杜裕昌攀樹師，認真詳盡地記錄了這一切，連座標都記在他的雲端資料庫裡，可以讓我予取予求。

最後的「探索磨合期」是我正在經歷的過程，現在持續嘗試攀樹到底可以應用到哪些領域，例如攀樹休閒、攀樹訓練、攀樹修樹、樹冠調查、樹屋搭建、空拍機拯救、森林治療等，不過或許我內心更期待能回到那只是單純攀樹的階段，搞不好之後就會出現個「反璞歸真期」吧。

迄今最喜歡的樹

這篇要講的臺灣油杉，大約落在「高度迷戀期」跟「樹種蒐集期」的重疊階段，這又是一棵令我讚嘆臺灣寶島的傳奇大樹。

還記得第一位來採訪我的作家朋友，採訪最後的問題是：「你最喜歡的樹是哪一種？」這問題著實困擾了我，因為如果是問讓我感受最為震撼的樹，那當然是紅檜神木，但要說「最喜歡」，感覺好像還有一點不到位，畢竟能親近神木的機會可遇不可求，距離也遙遠，無法在心靈空虛時想去就去。當下我沒有選擇紅檜，而是挑了在平地環境中我覺得最適合攀爬的「樟樹」，因為這樹到處都有，樹型美，很容易親近，聞起來味道也很好，蟲也不愛⋯⋯。

那天訪談結束後，我回到家又想了想，總覺得這答案似乎讓我有點遺憾，所以我又詢問那位作家朋友，可不可以修改我的答案，她回答我：「可以啊，你要改什麼樹？」我回答最喜歡的是「臺灣油杉」，那時朋友肯定有追問我為什麼，但我已經記不得自己回答的內容了。

有時候要回答「為什麼喜歡」是還滿困難的，就像現在我經常被問：「你為什麼喜歡攀樹？」與其思考怎麼回答，不如好好分享自己攀樹的經驗，反而比較簡單。

注1 行政院農委會在2019年4月26日依據《文化資產保存法》公告廢止臺灣油杉為「自然紀念物—珍貴稀有植物」之指定。

初次接觸臺灣油杉

我們第一次去坪林攀爬臺灣油杉時，實在是吃足了苦頭。由於路徑不明，中間還經過崩塌地形，加上那時網路覆蓋率並沒有很好，以致這群事前偷懶少做功課的人資訊不足，花費相當多時間尋找通往那棵臺灣油杉的路徑。當我們在放棄跟堅持間不斷拉扯時，那棵臺灣油杉矗然出現在眼前。

我一看到這棵臺灣油杉，好像突然了解為何它會被文化資產保存法保護[1]，因為可以看出它周圍都是後來種植的人工柳杉林。一般來說柳杉也夠高了，但這棵臺灣油杉更高，完全突破柳杉的樹冠層，昂首出了稜線，高度估計有二十公尺以上。後來查找資料，這棵臺灣油杉有數百年的樹齡，樹皮是淡淡的土黃色，還有一種斑駁的感覺，與我印象中松柏一類的樹皮可說是完全不同。

那時的我攀樹技術仍只算普通，對這樣高的大樹攀爬經驗也還不多，幸好這棵臺灣油杉下方的腹地頗為寬廣，雖說有些坡度，但在這樣的荒山野

量測胸高樹圍，可以推測樹木的年齡。

臺灣油杉淡黃色樹皮。

嶺中已經是相當優質了，因此丟起豆袋[2]相對不難，而往上爬這件事當然更不是問題。

當我們到了樹冠時，這些頂梢枝條的生長方式，與下方筆直的樹幹完全無法聯想成同一棵樹，就像是一株盆栽裡的老松，蜿蜒蒼勁地在天空中伸展，一點也沒有剛開始看到那種突破天際的氣勢，更白話一點來說，大概就是把一盆老松盆栽放在一根電線桿頂端的感覺。

在樹冠層時，這棵臺灣油杉已是整個周邊最高的樹了，能跟它一樣突破下方森林線的，就只有位於更高山稜線上的另一棵臺灣油杉了。這樣的大樹加上環境濕度高，樹上的住民當然也不少，一欉一欉的附生植物，有蘭有蕨，完全是一座空中花園。

由於這趟路程太過折騰，我們沒有太多時間在樹上揮霍，趕緊完成了該完成的目標，這在我攀樹的「樹種」跟「高度」兩個項目中也添了一個勾勾。當然，這可不單單只是多了一種樹，還是臺灣四大奇木之一，更別說我們爬了只有臺灣才有的臺灣油杉，是僅存不到一千棵的其中一棵！

注2　豆袋的英文是「throw weight」，在架設攀樹繩到較高的樹上前，會使用內裝鉛砂、類似砂袋的重物，俗稱「豆袋」。將豆袋綁上投擲繩並拋到樹上預計的位置後，再將投擲繩置換為攀樹繩。參照攀樹小百科17（p.321）

上樹的第一步：投擲豆袋。

臺灣油杉樹間移動。

臺灣油杉上的蘭花及毬蘭。

臺灣油杉上附生的蘭花。

尋找第二棵臺灣油杉

第二次到坪林攀爬臺灣油杉的機會並沒有很快到來，距離前次大概有一年多的時間，那時我剛通過攀樹師考試沒多久，這次的臺灣油杉就容易親近多了，但威廷、裕昌跟我（現在都是攀樹師了）三人也是第一次造訪這棵臺灣油杉，既然成員中有臺大實驗林的威廷，當然就是為了調查樹上的附生植物。

看著前人的探查記錄，感覺似乎相當容易到達，但我們怎麼找都找不到。與上次那棵臺灣油杉相比，這一棵的路徑應該是相當容易的，但就是不得其門而入，明明探查記錄寫著十分鐘可抵達，我們竟找了一個小時！最後是在我回到停車處好好端詳，才發現路邊一條被海金沙（蕨類）覆蓋的小徑，順著小徑陡上，約莫十分鐘後，那棵臺灣油杉大樹就在那裡靜靜地等著，我壓抑不住興奮（但沒有大叫），開心地趕緊回到入口處，並打電話給在遠處搜尋的另外兩人。

等待他們回來的同時，我看著筆直的產業道路及旁邊不起眼的小徑，再

樹幹上被打的釘。

樹幹上被打ㄇ字釘。

抬頭幾近九十度，仰望方才那棵臺灣油杉，我想它一定在笑我們：「我就在這裡，你只要抬頭就可以看到我了！」當下我覺得，人生啊，筆直大路往往不能帶你通往大樹，你沒注意到的不起眼小徑，雖然辛苦，卻是能引領你抵達的正道。現在回想起來，這不正是女詩人扎西拉姆・多多所說：「你見 或者不見我／我就在那裡／不悲不喜」的意境嗎？這樣形容似乎更為貼切。

樹皮上的鐵釘

經過一小時又十分鐘後，我們正式與那棵臺灣油杉見面，它同樣矗立在人造柳杉林周邊，也高於周邊的森林線，但比上次那棵臺灣油杉更為高聳、挺立，測量的胸高樹圍約有三百七十公分，換算下來直徑接近一百二十公分。林務局公告的資料顯示：「本區的臺灣油杉直徑約二十五至一百二十公分。」也就是說這棵臺灣油杉幾乎算是本區最大的存在了，至於高度，根據我們實際攀爬後的測量大約是二十八公尺，可以肯定是這一區名符其實的 big tree[3] 了。

注3 該地區最大棵的樹木之一，通常會是當地種源的母樹。

樹往上的腹地是棄耕的茶園，往下似乎還持續有耕作（或是才剛停耕），整體腹地並不開闊，望向樹冠的視野非常狹隘，這也增加了投擲豆袋的難度，不過豆袋丟著丟著畢竟還是會中的，只是時間長短罷了。我在將投擲繩轉換成攀樹繩的過程中，注意到樹幹上約從三公尺處開始，每隔固定距離便有人為釘上的鐵釘與木條，而且幾乎一直延伸到樹冠，威廷判斷是有人為了上去採種或採集其他植物而固定上去。看著這棵全世界臺灣僅有的大樹，就這樣硬生生被打了這麼多的鐵釘與ㄇ字釘，我真的感到很難過。

當然我知道採種也是必要的，單看臺灣油杉種子的飽滿度只有不到百分之十，更遑論其發芽率了，所以我認同採取適當的人為介入，以延續其生存，雖然是為了達到目的，應該可以選擇更好的方式，從前或許沒有，但現今攀樹技術和器材與時俱進，我們幾乎能在不傷害樹木本身的狀況下到達樹上，只希望以後這樣友善樹木的技術能被廣泛運用[4]。

像我們一直以來都只有攀樹兼拍照，除非是工作上需要才會進行修剪，而這樣的調查記錄，基本上完全不會去干擾樹木本身，畢竟喜歡攀樹的人

注4　通常建議進行攀樹時應該加裝樹木保護器，去除攀樹繩在樹皮上磨擦的影響。參照攀樹小百科3（p.298）

沒道理去故意傷害樹木吧！

松鼠啃食過的毬果宛如精雕

談到採種，其實在此之前我就收過一個朋友送的臺灣油杉毬果，那是在中央大學幾株珍貴臺灣油杉下撿拾、被松鼠啃食過的毬果。當松鼠啃食完能解嘴饞的部分後，剩下的毬果看起來就像是一朵完整的乾燥玫瑰花，初見時我真的不敢相信這是松鼠的傑作，驚嘆怎能如此美麗？在這幾次攀爬臺灣油杉的過程中，我在樹上也發現這些松鼠精雕的作品，你說大自然如此奧妙，讓人怎能不敬佩？

再回到這次的攀爬上，我們三人的攀樹技術自然不需要互相擔心，像這樣的大樹探查與攀爬，彼此在身旁就有很大的安全保障了，因此我們也多出許多時間，可以在樹上做自己想做的事，其中爬到樹冠肯定是必然的目標。我一如以往地邊爬邊三百六十度環顧這棵樹，看著那從主幹延伸出去至少七公尺以上的橫向側枝，真想仰躺在上面一整天。

臺灣油杉毬果被啃食剩下如玫瑰花。

高度愈上升，愈多的附生植物一一現身，我慢慢端詳這棵臺灣油杉，它在約七公尺高左右成了雙主幹，雖然看似沒有關聯地各自往上、往外發展，卻像協商好似地，彼此取得了平衡（但其實就是同一棵樹沒錯啦），有如雙子星大廈一般，兩邊的枝條一層層覆蓋，各自招來許多住民。而在生長的末端，最接近天際之處，兩邊高度竟也相差無幾，兩端相距約有四公尺，樹頂的一側靠山，可飽覽底下森林的樹冠；另一側兀出稜線，可俯瞰綠水環抱青山，如果有人會厭惡這種飛羽般的視角，那他肯定不太正常。

突破周邊樹的樹冠

那天我們三人彷彿被這棵樹下蠱一般，竟沒有人喊餓！大約到了下午兩點，我才坐躺在吊床上，從隨身包包裡拿出麵包充飢。這麼說來，攀樹可能真的有助於減肥，因為只要癮一上來，連五臟廟都不用祭了。

雖然最後飄起了細雨，但攀樹人都知道，下雨的影響其實不大，因為我們有這天然的大傘，不過整天在樹上恣意地行動，也應該滿足了。等威廷

臺灣油杉的未熟毬果。

樹頂的一側靠山，可飽覽底下森林的樹冠；
另一側兀出稜線，可俯瞰綠水環抱青山。

的資料也蒐集得差不多，我們就該回到地球表面，那天可說是我那段時期最開心的一次攀樹體驗了。

第二棵臺灣油杉明顯比第一棵帶給我更多感受，不只是內心的滿足，也讓我對臺灣油杉的資料更深了解。除了前面提到的自然發芽率極低，還有生長緩慢的問題，這表示就算種子好不容易落地發芽，還會因為被周邊長大的樹種遮住陽光，所以很難生存下來，也難怪在這兩棵臺灣油杉母樹下都不見它們的小苗。

此外，資料還提到臺灣油杉容易遭受雷擊損傷，關於這段說明，之前我也想不透為何它容易遭受雷擊，直到登上臺灣油杉樹冠後，一切都有了答案。周邊一眼望去，臺灣油杉明顯從稜線探出頭，我在第二棵臺灣油杉上望向溪谷那側，對面被溪流切開的左右兩側山稜上，也各有一棵臺灣油杉，像是左右門神一樣，而且同樣高於周邊的森林，難怪雷公電母會找上它們。

當下我覺得怎麼有這麼笨的樹，種子發芽率低，生長緩慢，然後又不合群地長得比其他樹高那麼多，而這樣的樹竟然是冰河孑遺物種……不過仔細想想，這些特質可能正是臺灣油杉吸引我的地方吧！

如山水墨畫的樹頂風景

如此具代表性的樹，全世界臺灣僅有，而且約莫只有一千棵，這種高度獨特性果然不負為臺灣四大奇木之一，雖然它的稀有確實提供我蒐集樹種的獵奇感，然而真正攀爬過後，我迷戀的並不只是那稀有與獨特，更被樹上的無限美景給迷住，我想說「此樹本應畫中有」，這棵臺灣油杉根本就是山水畫中出現的那棵老松，若在雨後的山嵐升起時分，你正好在這樹冠上，看著雲龍在腳下游移，涼風輕拂……我實在無法用有限的詞彙做更多的形容了。

至今，我造訪這棵臺灣油杉已不下數次，幾乎每個季節都有上樹的記錄，幸運如我，不只曾親身經歷過上述的情景，還在臺灣油杉樹上收過夏日雨後的虹霓饋贈，更在某年平地大雪時，因擔心樹是否會凍傷而上樹，

臺灣油杉的新葉。

在樹梢俯瞰對面的青山綠水。

感受到臺灣油杉樹冠上的飄雪。回頭想想，也正是因為它的獨特，才能造就這些美景；我已在這棵臺灣油杉樹冠上邂逅了春時青翠的嫩芽、夏日蓊鬱的綠葉、秋節纍纍的毬果、冬藏冷冽的雪霰。

除了為大樹與美景而來之外，在經歷人生最低潮時，我也曾不自覺來到這樹下，明明心情低落，卻仍攀上樹，雖然鬱悶依舊存在，但那時就靜靜地待在樹上坐著、看著，什麼都不做也不想……。

我肯定會再回到這棵樹上，下次就選在還沒來過的月分吧！

DIARY .1

最近一次去找臺灣油杉是在二〇一七年九月，開心的是它依舊健康美麗，心痛的是，樹身竟多了許多新的鐵釘與木條，從木條顏色來看，應該才剛釘上去沒多久，究竟是為了採種還是採其他附生植物，我無從得知；但看著人類不愛惜這些珍貴生命的自私，心中只有無言。可惜我手邊沒工具能為它卸下這些錐刺，但即使有了工具，也不免擔心若我移除這些釘刺，原來那些人發現後會不會再釘上一次？

大樹
BIG TREE
鄉間小路中的
巨人。

麻六甲合歡是世界上生長速度相當快的樹種，
估計十年可以長高到三十公尺……
生長速度實在相當驚人，
眞的可稱作是「傑克的魔豆」了。

平地造林時代的巨木

麻六甲合歡 02

樹木年齡	約20年
樹木高度	約35公尺
生長位置	雲林斗六市楓樹湖
本次任務	巡田水，挑戰平地大樹

「少年仔，恁勒衝啥？這結索啊是麥訓練喔？（年輕人，你們在幹嘛？這掛繩子是要做訓練嗎？）」一位騎著野狼打檔車的阿伯問我。「謀啦，這樹仔架大，來企逃啦。（沒啦，這樹這麼大棵，來玩的。）」我如是回答。「夭壽喔，嘿砸某欸柳，背架管丟，恁那欸架搞對？愛卡細哩喔。（天啊，那是女生耶，爬這麼高，你們怎麼這麼厲害？要小心點喔。）」阿伯對著大概在二十五公尺高的我們說。「厚，挖災呀，阮欸注意。（好，我知道，我們會注意的。）」

上面那段對話不僅有趣，也完全展現了中部鄉下的人情與可愛，那時在北部住久了的我，還以為阿伯是要叫我們下去、不能攀爬之類的。我還記得那天是二〇一六年九月二日，是我們最後一次來爬這棵長在產業道路旁，大約三十五公尺高的麻六甲合歡。

田野探索時光

我與這棵麻六甲合歡的第一次偶遇，大概是在我攀樹剛學有小成，正積極到處找大樹攀爬的時期；一次回故鄉的午後，我正愁著要去哪裡找樹打發時間，因為離家騎車十分鐘內可到的大樹，幾乎都被我「染指」過了，對象有整片約二十棵以上的桃花心木林（直徑約一至二公尺，樹高皆約十五公尺）、北部沒看過如此粗壯高大的山黃麻（直徑約一點五公尺，樹高約十五公尺）、國小母校後山上蜿蜒蒼勁的琉球松（直徑約一公尺，樹高約十二公尺）、省道旁田中央矗立的檸檬桉（直徑約一公尺，樹高約二十公尺）。那時我索性騎著機車到處閒晃，頗有一種以前阿公時代巡田水的感覺（現在應該要說「兜風」比較恰當）；既然是閒晃找樹，因此有路就鑽進去，隨著省道、縣道、鄉道及產業道路走，好像回到以前那種在山林中小冒險的歲月。

由於許久沒在故鄉這樣的淺山環境裡溜達，那樣的兜風也為我帶來一絲的滿足感。在這種環境中，總會在偶爾一個轉彎遇見受驚飛起的大冠鷲，或是碰到在樹上對你示威的猴子，抑或瞥見那聽到機車聲而落荒逃跑的山豬；最特別的經驗是，我曾在山的另一頭遇過黃昏出來覓食的藍腹鷴，可惜那裡現在已成了湖山水庫。

雲林鄉間小路中的巨人

那天在一下感慨一下驚嘆的戲碼輪流上演後，我突然過了一處不太特別的大彎，而那不可置信的巨樹就出現在我面前的山坳間，簡直可說是旱地拔蔥般屹立在那。當時我還不認識這種樹，但抬頭往二十公尺以上望去才可見的葉片，明顯能清楚看出是羽狀複葉，看完葉片我心中默默有了盤算，接著往樹幹走去，只覺這真是棵多麼巨大的樹呀！目測大概需要三個成年人才有機會環抱住它，加上近距離看了樹皮並撫摸其觸感後，更肯定這是豆科植物了。

這令我開始有點擔憂了，因為攀樹人都知道，由於豆科植物生長較為快速，木材質地相對比較脆，通常被颱風或大風一吹，可能就斷下大腿粗的枝椏，諸如鳳凰木、山黃麻等。不過眼前這豆科大樹實在是太巨大了，加上它的到達難度趨近於零，簡直集完美條件於一身，因此我攀爬的欲望很快就勝過了擔憂。閃過想攀的念頭後，原本下午悠閒兜風的節奏頓時轉成分秒必爭的緊湊，我速速驅車回家整裝再回到這裡，那時離夜幕降臨也不遠了。

等一切就緒並準備開始架設繩索時，我發現最大的限制是這次回家所帶的攀樹繩，它的總長只有二十五公尺左右，因此一開始投擲高度只能落在約十二公尺高的樹木分岔點，有趣的是，這棵樹最低能供架設的分岔點恰巧是十二、十三公尺。架設好攀樹繩後，我發現繩子完全剛好碰不到地面，於是心懷忐忑地往上攀到了約十三公尺的高度——那真是一種想爬又怕樹枝會斷的煎熬。總之，當我來到十三公尺處，卻無法再繼續往上轉換支點，因為下個支點至少離我有五公尺高，所以只能帶著遺憾跟下次再來的想法，順勢迎接夜晚的到來。收完裝備離開前，我抬頭望向那樹，為那天畫下句點的，是從羽狀複葉間隙中所看到的月影。

麻六甲合歡的二回羽狀複葉。

樹幹紋路。

夜幕下的麻六甲合歡與月影。

攀樹技巧突破

後來隔了多久我才又再回到這棵樹下，記憶已經模糊，但第二次可就是有備而來——有明確目標，充足的時間（連午餐都準備好，免去來回餐食的過程），也換了更長的一條攀樹繩。可人算總不如天算，上次十三公尺再往上，可供架設的分岔點大概是十八至二十公尺，我沒考慮到能投擲的高度極限，而那時也還沒一口氣丟豆袋到十五公尺以上的樹過（一般通常都在十五公尺下就有分岔點），雖說這是個練習投擲豆袋的絕佳機會，但若沒丟中，恐怕整天就要做白工了，因此拚了命也要把豆袋給丟上去。

在幾次全力投擲的過程中，我第一次聽到投擲繩[1]被快速往空中拉出時發出的「咻咻咻」聲音，那是一種力量與速度的象徵。看著豆袋帶著投擲繩飛向天際，繩子出現如彩帶表演時那種波浪線條，其實還滿過癮的。在那之前的投擲幾乎用單手就可以完成，如今不得不雙手同用，畢竟兩隻手的力氣肯定比一隻手來得大；而在這幾次的嘗試中我發現，原來自己可以投擲豆袋的高度及準度出乎意料地好。

注1　投擲繩的英文是「throw line」，用來連結豆袋及置換攀樹繩，需要一定強度才不會被輕易拉斷。參照攀樹小百科17（p.321）

完成架設後，量測投擲中的高度大約是十八公尺（後來因為這棵麻六甲合歡，讓我可以練習投擲這種超高大樹的機會，提升了不少投擲技術）。不過首次嘗試幾乎花了許多時間在投擲上，最後當然還是要攀上這大樹；但高度就不只到達最基本架設的十八公尺高，後來我還繼續往上攀到約二十五公尺，不過由於內心仍存著擔心害怕，不敢再繼續往上。這次經驗給了我頗大的信心，能更清楚看到樹上的實際狀況，並了解應該注意哪些事，以及該準備什麼裝備。

練習投擲技術。

每一次攀樹都嘗試上到新的高度。

巨大的豆科樹木。

隨著攀爬這棵樹的次數愈來愈多，我的投擲技術當然愈來愈準確，投擲沒中目標的次數明顯減少，而每次攀上這棵樹之後，我也會嘗試上一次沒到過的高度或位置，就這樣連擔心都漸漸降低，或許我是習慣了這棵樹吧！我記錄到自己最高的位置應該是三十公尺高，而且這還是在某次雨天達成的，不過可能正是因為濕滑，爬起來更加謹慎，才在不經意間突破自我。

意外遇見鼯鼠媽媽

我在這棵樹上還遇過一個特別的經驗。在某次習以為常往上攀爬的過程中，當我爬到靠近離地約十五公尺高的小樹洞時，竟突然飛出一隻大赤鼯鼠，瞬間嚇了我一大跳（但我想牠應該比我更驚嚇），那是我第一次這麼近距離看飛鼠在眼前滑翔而出，不過當下其實以為是一片很大的葉片落下，卻覺得葉片的掉落軌跡怪怪的，才發現那是隻大赤鼯鼠。往樹洞中探去，裡面有三隻小鼯鼠，我想剛剛那隻應該是鼯鼠媽媽了，由於不想干擾這些野生動物，索性速速離開。過了幾個月後再去攀爬時，那裡已鼠去洞空了。

這棵麻六甲合歡是我目前在平地見過最高大的樹。

這棵麻六甲合歡著實是我目前在平地見過最高大的樹了，它不只讓我更加認識了豆科植物的能耐，也見識到它們枝椏的脆弱，每次見它地面上總有不少風斷枝，粗細都與大腿相當。根據我查閱到的資料，麻六甲合歡是世界上生長速度相當快的樹種，估計十年可以長高到三十公尺，也曾是臺灣平地造林樹種，由此可見其木質密度肯定不高，但它的生長速度實在相當驚人，真的可稱作是「傑克的魔豆」了。

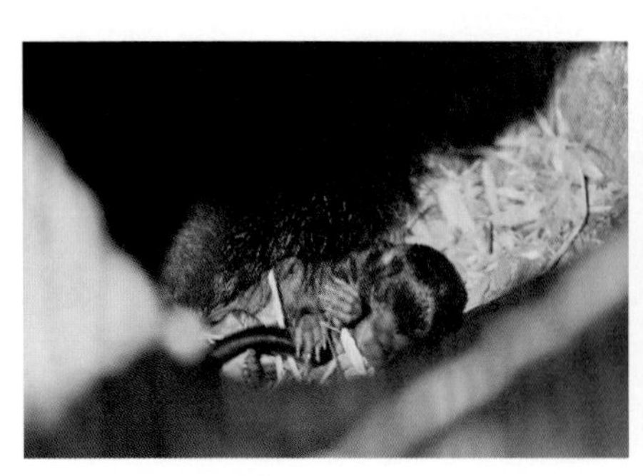

從樹洞窺視大赤鼯鼠寶寶。

合歡樹上的青山蝸牛。

DIARY .2

二〇一六年九月二日我帶學生去攀爬這棵麻六甲合歡，那時它還相當健壯，葉片數量也正常，整個生機盎然，殊不知那是最後一次見面……二〇一七年一月二十六日我再次來找它，到達現場卻找不著，只剩下離地約七公尺高的殘幹，猜測應該是前一年颱風的影響，不敢相信這平地巨樹竟就這樣往後倒在山坳間，我們三人走在橫躺的樹身上，竟也要上上下下地走幾分鐘，才能看到最後的末梢。除了感嘆跟惋惜外，我感覺更像是少了個朋友，不過也明白這就是大自然的演替，看著周圍有不少高大的麻六甲合歡，並沒有一棵比它更高、更巨大，我想這些都是它的徒子徒孫了。謝謝你，我會永遠記得第一次見面時，從你葉片剪影間灑落月光的那一幕。

颱風過後的殘幹。

四十米高的森林學堂。

我們就這樣在三十多公尺高的臺灣杉上，

愉快地沐著陽光、撫著微風、聽著前輩的分享。

撞到月亮的樹

03

臺灣杉

樹木年齡	約90年
樹木高度	約40公尺
生長位置	溪頭
本次任務	整理樹上枯枝、檢查是否開花或結果

說到「臺灣杉」，知道的臺灣人可能不多，但若是提「撞到月亮的樹」，倒是滿多人聽過的。這種名字能冠上「臺灣」兩字的杉樹，到底有什麼特別的呢？

東亞最高的樹種

臺灣杉除了是被稱為活化石的冰河孑遺物種外，也是植物學界唯一以「臺灣」為屬名（*Taiwania cryptomerioides* Hayata）的植物。就算以人類的膚淺眼光來看，它也是被選為臺灣最好經濟樹種的針葉樹五木[1]之一，而且不僅是臺灣最高的樹種，更是「東亞最高」，曾有高達九十公尺的紀錄；雖然目前仍存活且被記錄高度的臺灣杉大約是七十公尺，但我想這也夠令人震懾了。

至於「撞到月亮的樹」，則是出自魯凱族人的故事了，當然這故事是讓臺灣杉名氣大增的原因之一。另一個提高臺灣杉知名度的還有澳洲「Tree-Project」拍攝團隊，他們是專門為巨樹拍攝等身等比例照片的專業團隊，

注1 紅檜、肖楠、扁柏、香杉、臺灣杉。

曾在二〇一七年來臺，拍攝了臺灣杉三姊妹約七十公尺高的等身照，不只讓臺灣人更加認識臺灣杉，也讓全世界看到它的美。

雖然我要講的故事沒有撞到月亮那麼浪漫，也沒有三姊妹那麼壯麗（好吧，我是有點忌妒啦，好想爬高高），但在接觸攀樹前，甚至早在接觸環境教育領域那時，當我閱讀課本與補充資料寫著針葉樹五木、闊葉樹五木等記載，看著紅檜、扁柏這些森林裡的巨人，就發出：「哇！」這樣的讚嘆（不過那時也沒想過自己會學攀樹啦）。其中臺灣杉不同於其他針葉四木的樹型，是優美的金字塔樹型（現在知道那叫「尖削度」），完全就是國外電影中的聖誕樹模樣。當時我看它名字叫「臺灣」杉，心想這肯定是很能代表臺灣的樹吧！或許從那時開始就對這樹有種莫名的嚮往。

我在東眼山工作的那一年看過很多人造林，除了針葉樹五木中的扁柏外，其他四木在東眼山幾乎俯拾即是。從遠處看這些樹，約略能從姿態猜出各是哪些樹木，可惜東眼山上最大的樹並不是針葉樹五木的成員，而是日本柳杉，因此這裡的臺灣杉也只能算是小Baby而已。

內心的渴望

東眼山有個別稱叫「小溪頭」，當然溪頭確實比東眼山大多了。雖然以前我去溪頭的次數也不算少，但開始認真觀察樹，還是在學了攀樹之後的事。有一次我協助威廷進行附生植物調查，一進溪頭大門看到矗立眼前的那群大樹，瞬間了解東眼山為什麼叫小溪頭了，要說那些樹高聳入天際真的不誇張，而昂首樹群的正是幾「座」臺灣杉。

那時我還沒聽過「撞到月亮的樹」這名稱，後來聽聞這稱呼，覺得實在恰當得很。雖然溪頭的臺灣杉並沒有長到七十公尺那樣高，但肯定有三十公尺高了，因此我都戲稱溪頭臺灣杉為「還撞不到月亮的臺灣杉」（笑）。不過那也是我目前看過最高的臺灣杉了，要說我曾在哪看到比這群大樹還壯觀的森林，可能就只有往南湖大山途中的那群雲杉林，但相比之下，溪頭的臺灣杉還是平易近人多了。

我想就是那時的第一次接觸，讓我開始認真想攀上這臺灣最高的樹種，如果一個人沒看過這樣的大樹，如何能去想像還有比它大一倍以上的樹？

臺灣杉的巨大樹幹。

高聳入天際的臺灣杉。

那時我坐在樹下，默默欣賞並琢磨這得仰頭九十度才能看到頂梢的天空，外表看似安靜，心中卻是波濤洶湧。相比之下，路旁熙熙攘攘的遊客並沒有多少人在抬頭讚嘆：「哇！樹好大！」後多作駐留，除了會在樹下石椅上停歇取食外，更多是奔向販賣部跟洗手間去了，我很想對他們說：「你有多久沒有仰望天空了呢？你看這樹有多美妙呀！」當然這只是我內心小劇場，畢竟理性如我，肯定無法對陌生遊客說出這種強人所難的話。

初次攀爬臺灣杉

某次協助調查結束後天還未黑，我自然是不願放過尚有天光的難得時間，於是趕緊徵詢威廷的允諾，能否讓我攀攀這「還搆不到月亮的樹」？雖然威廷早已爬慣了這些大樹，但必定能感受到我的欲念，評估時間後便爽快答應，同時提出一個簡單的要求：「順便整理樹上枯枝」，這對我來說當然是順手拈來。

我把握時間趕緊上樹，幸好平時每隔幾個月，威廷便需要上去進行一些研究，所以有幾棵標定樹早就先留置引繩在上面，我只需考慮帶來的攀樹繩是否禁得起這樣的長（高）度考驗。奮力拉動引繩並換好攀樹繩後，大概可以一口氣到達約二十二公尺的高度，也就是我帶來的四十五公尺攀樹繩所能上升的極限[2]。很快地我開始攀爬，一邊攀一邊整理十五公尺以下的枯枝，一路來到二十二公尺高的位置，抬頭一瞧仍望不到樹梢，看來可真是太低估它了，於是繼續匆忙地跟時間賽跑（但不是往前跑，而是往上跑）。

記不清到底轉換了幾次支點往上，我終於來到可以探出樹梢的位置，在那能瞧見遠方供遊客休憩的大草皮。眼前的臺灣杉主幹大概只剩下我手臂般的十公分粗細，而這樣的粗細也是司空見慣了，之前我攀到樹冠頂的那些針葉樹，最後能架設攀樹繩的主幹大概就是這個粗細。可惜天色已開始昏暗，我只得快速拍個幾張自拍照就下樹，但這樣初次攀爬臺灣杉的經驗還是令我回味不已，而且樹也比我預估的高出許多（大約有三十五公尺以上）。

注2　四十五公尺的繩子能一口氣攀到繩長一半的高度，就是約二十二公尺。

移除臺灣杉的枯枝。

香港攀樹師來訪

回去之後，我老是魂牽夢縈著周遭其他幾棵臺灣杉巨木。後來幾次去溪頭協助樹冠層的採集或調查，老是日出而作，日入而息；雖然很想再攀上樹，但礙於時間太晚而無法，只能從旁經過再經過。就這樣大概懸宕了一年的時間，直到二〇一七年夏天，終於有個機會來臨——有位香港的攀樹師朋友程偉要來臺灣，而裕昌促成了這次的行程安排。

說起來程偉也跟我們有點淵源，當我在中壢讀大學的時候，他同時也在中壢工作。也就是說在那時空背景裡，在同個區域中的我、裕昌跟程偉可能曾擦身而過，後來到了二〇一四年才因為攀樹在香港相識。當然程偉是前輩，接觸攀樹跟樹木工作也比我們早上許多，這次來臺灣是要去南投竹山的廟宇還願。據他所述，之前應考ISA[3]的顧問樹藝師考了幾次都沒通過，來這廟宇祈求後便一試而過，因此決定來還願，也趁機帶家人到臺灣旅遊。由於我們之前多次造訪香港老是受程偉照顧，因此總該盡盡地主之誼，於是我們借花獻佛與威廷商量後，共同安排這次的溪頭臺灣杉之旅。

注3 國際樹藝協會的英文是「International Society of Arboriculture」，簡稱ISA，為世界具權威的樹木工作相關組織。

好奇的路人

到了當天，我們在上次同個區域中，選了一棵離人群跟馬路有些距離的臺灣杉，雖然沒有之前那棵高大，但也相去不遠。這其實也是個滿有趣的畫面，在三十公尺外充滿喧囂，往來如織的遊客估計至少以千為單位；隔了三十公尺的我們卻像脫離塵世，如平行世界一般地存在著。

雖然偶有少數遊客發現我們怪異的行蹤，但絕大多數不知道我們要做什麼（應該也沒有興趣了解），一心想著大學池或銀杏林等溪頭著名景點。少數人會自行解讀並合理化我們的行為：「啊，他們要攀樹啦！臺大實驗林的在做研究啦！你看樹上有繩子……」只有極度少數會跨過綠籬到我們旁邊，好奇地想看又想問。不過那天倒是滿特別的，好奇來詢問的人並不多，比起來我們之前在步道上進行研究調查時，就像是在菜市場一樣，每個人經過都會來問一下。

我想會好奇或關心都是難免的，這並不是什麼壞事，而我們回覆疑問也不難，只是有時次數真是多到令人無奈（甚至光回答同樣答案就不用工作了），但不理人好像又很沒禮貌，最後我們就直接帶一塊說明牌在身旁，或是乾脆裝忙（笑）。畢竟有時回答完A後，B接著來問，若不回答B還會生氣，索性都不要回答最好。那天來詢問的人少得出奇，我們也正好落得輕鬆。

二度上臺灣杉

當然在我們上樹前，威廷還是給了一些作業——看看臺灣杉有沒有開花或是有毬果了。雖然樹上已先放置一條引繩，但因為預計總共有五位要上樹，分別是程偉、裕昌、威廷、我跟荏涵。為了節省等待時間，我又架設一條攀樹繩，如此便可以同時有兩位攀樹。由於地面平坦，加上林中樹木間隔也相當寬闊，我可以任意選擇最佳位置進行投擲，沒幾次就得到不錯的位置與高度（約二十二至二十五公尺），當然這次我也是有備而來，帶上專門應付大樹用的一百公尺攀樹繩，雖然最後沒發揮到它的全部功能（五十公尺），但完全不用擔心攀樹繩不夠長。

這天我自然是假借攻擊手的名義，率先登上這位巨人。在一口氣到達二十多公尺高後，我開始轉換支點繼續往樹冠層前進，過程真是出奇地順利，不久便到達接近頂端的位置。接著我將另一條攀樹繩往下放到離地約二十公尺的位置，提供抵達第一段繩索終點的夥伴進行系統轉換。如此，大家只要進行一次轉換便可到達樹冠，而不用像我一樣，一直調整支點往上這麼耗時費力了。

在上面等待時，我可以聽到下方絡繹遊客的那種靡靡之音，並感覺到在這高度的世界屬於我獨自擁有；雖然待會還會上來四位朋友，但身為第一位能獨處一下子的那種黃金時段，真是相當舒服的時間。可能我是眷戀那風輕拂過樹梢的味道，可能我是喜歡與整座森林一起搖曳的感覺，可能我是單純喜歡居高，可能可能……。

從臺灣杉上俯視地面的人們。

1 臺灣杉毬果。 **2** 攀樹師正在進行攀樹系統架設。 **3-4** 臺灣杉樹梢。

在上面等待時，

我感覺在這高度的世界屬於我獨自擁有。

過沒多久，大家便依序來到這至高的殿堂，說實話真的有點擠（笑），而這棵樹應該是目前臺灣同時有最多攀樹師共同待在上面過的樹了（三位臺灣籍攀樹師，一位香港籍攀樹師，以及一位攀樹女子冠軍）。程偉說他第一次攀到這樣高的樹，因為香港沒有這麼高的樹可以攀，所以這是他攀樹生涯中第一棵三十公尺以上的樹。趁著這次機會，程偉也與我們分享很多樹藝上的新知，畢竟他不僅是我們在攀樹上的前輩外，更是ＩＳＡ的顧問樹藝師，有豐富的樹木工作經驗。

我們就這樣在三十多公尺高的臺灣杉上，愉快地沐著陽光、撫著微風、聽著前輩的分享，享受整個被授道的過程。我想這才是真正的「森林學堂」，每個攀樹人或森林人真的都該來走這麼一遭，這課堂不光是在現地說著樹木現象，還在樹梢往下觀察那些在一般教室裡、課本上的知識。就這樣說著，聊著，聽著，竟也不覺時間的流逝，直到五臟廟開始抗議，才發現早就過了午餐時間，而樹下程偉和裕昌的家人還在等著我們呢！俗話說山中無歲月，但我想對我們來說「樹上無歲月」更為恰當，既滿足了

臺灣最多攀樹師同台的樹。

30公尺以上的悠閒。

四個大男孩與一位少女的玩心，總不該怠慢了家人，於是森林學堂就這樣完美下課。

最後我想說，攀爬這樣高大的樹，往上固然重要，但如同登山或其他戶外冒險活動一樣，「安全平安地回來」整個活動才算圓滿結束，而下樹時總要比上樹來得更謹慎。也許是習慣了，這次我仍是最後一位下樹，即使是高達三十公尺以上的臺灣衫，下降回地面了不起也只要花我們十幾分鐘（甚或是幾分鐘）的事。這段時間除了注意安全外，不知其他攀樹人是否會去讀這棵樹，讀它如何堅毅地將自己拉拔到這樣的高度，經過了多少的寒暑，看過多少下面往來的人們……說來也有趣，總是我獨自與樹相處的時候，才會有這樣的感性想法，但這樣攀起樹來，也比較耐人尋味，不是嗎？

◆後記◆

人生有時候真的有趣，在不經意追求攀樹高度的時候，機會總會悄然而至，在2020年初，因著「在台灣的故事」節目拍攝的協助邀請，而有機會深入棲蘭山一睹臺灣杉三姊妹，更協助了參與節目拍攝的專家登上臺灣杉，也有機會讓我的攀樹高度的躍上70公尺。也可能是這樣的緣故，開啟了往後幾乎年年都要深入到三姊妹附近進行臺灣杉的採種工作。

DIARY .3

攀爬臺灣杉的故事，我想應該仍在繼續中，當然我也夢想著有一天能攀到六十公尺以上的臺灣杉，但這種計畫不只可遇不可求，更需要天時、地利、人和，也許有一天也許你（妳）也會跟我一起在臺灣杉上的森林學堂上課，相信每個人真的都會愛上它的。

第一棵受陽光眷顧的大樹。

我相信愈是堅持單純的理由，愈能達到極致，
就像巒大杉本身只是努力又認真地生長著。

傳說本多靜六親手栽植[1]

巒大杉

04

樹木年齡	約90年
樹木高度	50公尺
生長位置	溪頭
本次任務	樹木的風險評估

那一天完全是個亂入的行程，原本我們在臺中連續三天有不同內容的樹木相關研討會，但因為報名人數不足，最後只有辦成第一天的免費講座。本來我早已把時間空出來要協助這三場活動，結果在前一週才得知，第二天跟第三天因人數不足而取消。不過取消了其實也不錯，因為過去幾天每日連續工作，差不多也該休息了，剛好賺到二天休假。

不過因為第二天課程取消，也讓來自日本的樹醫有田老師及香港的吳志雄老師沒了行程。後來負責研討會安排的曾會長告知，因為有一天的空檔，他想要帶兩位老師到溪頭去走走看看，問我們要不要一起去，這時我一個想法脫口而出：「那要去爬溪頭的臺灣杉嗎？吳老師應該沒爬過這麼高的樹，也可以請他檢查檢查那幾棵大樹。」接著我將這件事告訴在溪頭的攀樹師威廷，正好吳老師也是威廷的攀樹老師，經過安排確認後就此定案。

溪頭攀樹之旅

攀大樹總是需要緣分，恰巧我有幾位攀樹朋友也參加了前一天的研討會，由於機會難得，便邀約時間可以配合的朋友共襄盛舉，順道也能協助一些事情（正所謂人多好辦事）。就這樣，我們避開週末的車潮，在上午八點多便進到溪頭園區，隨後將車上的攀樹裝備整理好，在森林裡等待老師們的到來。這段時間大家各自思考要攀哪一棵大樹，我可以感覺到這群人的期待跟溢出的興奮，其中朋友又綺說：「我房間內還掛著臺灣杉的海報，沒想到今天就要來爬臺灣杉了，感覺真像是在作夢！」

到了九點多，有田老師與吳老師都抵達這緊挨著遊客行走路徑的大樹森林中。這時我們的原定計畫做了點變更，要先進行樹木結構的檢測，因此花了一段時間，將儀器裝在選定的一棵有雙主幹的大香杉（戀大杉）上。檢測原理大致是利用釘在樹幹上一圈的數根短釘，藉由聲波傳導及接收的方式，讓儀器判斷樹幹中該斷面結構上的密實程度。

最後檢測結論與一開始目測觀察所猜測的樹木風險差不多，或許因為是雙主幹的關係，樹幹中間有一道沒連結的裂縫，除此之外，兩根主幹都滿健康的。在儀器測完後，有田老師也決定用他的經驗來判斷試試，但因為沒帶檢查專用的木槌，便拿著湊合著用的膠槌輕輕敲打樹幹；雖然不是專

日本樹醫檢查戀大杉。

用木槌以致聲音有落差，但大致判斷也與儀器結果相合。兩位老師檢查完樹木後，距離下一個行程大約還有一小時，因此吳老師去攀臺灣杉，有田老師則帶著他神奇的鳥笛在附近走走逛逛。至於我們，當然是準備著自己的裝備，等老師們離去後才要開始那天的美妙旅程。

人生的第一棵巒大杉

老師們離開之後，我們在森林中享受事先準備好的簡單午餐，今天的樹冠奇妙之旅就此展開。大家好像皇帝選妃一般，一棵一棵地仔細端詳比較，「那棵好像比較高耶？」「這棵比較粗。」「這棵是臺灣杉嗎？」這群人幾乎沒有攀過三十公尺以上的樹（甚至連二十五公尺高也沒有），今天就要一口氣挑戰這樣的人生新高。

最後因臺灣杉近年來的高人氣，大家（被迫）選了上次我們帶香港朋友程偉攀過的那棵臺灣杉。上次我們在下樹前，有替威廷新留置一條比原本更高的牽引繩（約二十五至三十公尺高），如此，每個人很輕易就能直

巒大杉的樹皮。

接到達人生新目標——離開地球表面三十公尺。那天攀上這棵臺灣杉的有阿青（劉昀陞，喜歡在樹上尋找稀有蕨類）、家儀（幾乎每次重要攀樹行程都有跟到）、泡麵（涂志豪，我的大學學弟，目前是不務正業的國中老師）、陳又綺（前面提到房間掛著臺灣杉海報的朋友），由於大家都沒攀過這麼高的樹，所以我特別詳細叮嚀（愛嘮叨），並說明到樹上後該如何彼此配合等細節，接著阿青自告奮勇第一位上樹（好啦其實是被我點名），一一安排好順序後，我便請全臺第一位女攀樹師荏涵陪他們攀臺灣杉。

至於我，在之前兩次爬兩棵不同的臺灣杉時，就發現有一棵這區域最高的樹，著實比臺灣杉高了不少，因此今天一開始便打定主意要好好把握機會，跟裕昌一起來攀這棵更高的「巒大杉」。

當我第一次攀上溪頭的那棵臺灣杉時，在樹頂就有看到旁邊有兩棵更高的樹，下樹後問了威廷才知道是巒大杉，據說附近車道旁的巒大杉當初是由日本公園之父本多靜六親手栽種[1]，至於這天要爬的巒大杉是不是那時一起種的，我並沒特別去探究（不過肯定的是，若沒有前人種樹，後人如我必定沒樹可攀）。總之，若這棵巒大杉是在大正年間種植的，至今也是

注1　2024年本書再版時，向臺大實驗林確認，證實此傳說非真。

有近一百歲的年紀了。那天是我第一次攀爬巒大杉這種樹，人生的第一棵巒大杉便是如此令人瞻仰的大樹，真是沒什麼好挑剔的了。

卡住的攀樹繩

準備攀樹前，自然要先將我們的攀樹繩換到樹上。之前威廷為了方便到樹上進行研究，有先留置牽引繩，因此裕昌便拉動牽引繩，打算將綁在牽引繩另一端的攀樹繩替換上去。不料，當繩子拉至最高轉折處而應該往下時，卻不知被什麼卡住，怎麼也拉不動。

「很高嗎？是卡在哪裡呀？用力拉拉看啊。」我說著。「看不到上面啦！細繩都消失在雲端了，我超用力都拉不動啊！」裕昌回答，「鴨子！我的KMIII拉到樹上卡住了，卡在最高的地方，還沒開始往下，你看，繩子剩五公尺……」裕昌驚訝地叫著，他口中的「KMIII」是那條繩子的名字，全長共有五十公尺。「所以這棵樹有五十公尺高喔！」我語帶懷疑地說著。雖然如此，卻又不得不相信眼前的事實──這條攀樹繩真的只剩五

從地上仰望巒大杉。

留置的牽引繩。

往上眺望巒大杉樹冠。

公尺左右。這樣看來就算上面沒有卡住，能順利將攀樹繩拉下來，繩子顯然也不夠長，甚至連一半都到不了[2]。幾次用力拉扯牽引繩未果後，我們只能放棄這條捷徑，認分地照順序將該做的步驟做好。

首先是投擲豆袋上樹。因為樹枝相當茂密，最後我們第一階段架在二十公尺左右的高度，換好KMIII後，由裕昌先行攀爬，而我就等他上到樹頂並放下第二段的攀樹繩，如此便能在二十公尺左右的高度直接轉換第二段攀樹繩，然後直上樹頂。

裕昌一下子就消失在樹裡，這時我能做的一方面是等待，另一方面還能關心在攀爬另一棵臺灣杉的朋友們。那時他們幾乎都上到臺灣杉並開始攀爬了，我滿好奇這幾個人第一次上去的心情，究竟是期待多一些還是擔心害怕多一些？不管怎樣，結束後就會明瞭了。慢慢地，我看著臺灣杉上的人愈來愈小，接著轉而仰望周邊這群樹，在這些巨樹之下，實在不懂為何人類會覺得自己偉大？我想那些自覺人類偉大的人，肯定沒抬頭看過這些樹吧！

注2　五十公尺的繩子對折後，只能一口氣攀到二十五公尺高。

在茂密枝葉間緩緩爬行

我回到巒大杉下，背好自己的相機包，這次很難得不用擔心攀樹問題，只要好好拍照就好。整理完需要的裝備後，我也開始攀上巒大杉，隨著手往上拉，腳一步一步地往下踩。沒想到才一下子，我就開始感受到身體需要更多的氧氣，呼吸也變得急促起來，「別急，慢慢來吧！」我對自己說，並重新調整節奏，右手、左腳、左手、右腳，就這樣手腳一上一下、一上一下，緩緩地離開地球表面。

身體在攀樹時的反應總是最誠實，由於我最近過得比較安逸，稍微胖了三公斤，立刻就能感覺到比以往更為吃力。當我爬到第一段繩索的頂端後，為了回復呼吸跟體力，著實休息了一段時間，整個腦袋一片空白，不斷大口大口地吸氣。等到休息好之後，我發現第二段攀樹繩還沒放下來，但由於枝葉茂密交錯，也看不到上方裕昌的進度。由於一直在樹上吼來吼去溝通也不是辦法，只好捨棄想坐享其成的念頭，乖乖靠自己一點一滴地往上轉換。

慢慢來就會快，攀樹的法則常是如此。在我往上攀爬的過程中，巒大杉的葉子末梢開始出現一些雄毬花。稍微目測高度，大約是在三十至四十公尺間，幾乎都是雄毬花，零星有些毬果；往上大概超過四十公尺後，眼前所見滿是雌毬果，雄毬花卻匿蹤無影去了。幸好我多背了一顆微距鏡頭上來，可以同一天將雄毬花跟雌毬果都記錄下來。

上到樹冠頂之後，主幹一如以往所攀的針葉樹，約莫只有我的手臂粗，而樹梢也僅離大約二公尺這種感覺觸手可及的距離，有點難以想像，看似嬌弱的樹幹實際上竟如此強壯。我跟裕昌各自選一邊，而為了拍照的緣故，我攀得稍微高一些。正好我這側比較靠近另一群人攀爬的那棵臺灣杉，我轉頭看向那群朋友（正確來說應該是「低頭」），從這視角看著那棵接近四十公尺的臺灣杉，我開始相信自己所在的高度應該有五十公尺。這棵五十公尺高的巒大杉真是太令人讚嘆了！我跟裕昌都是第一次攀到這樣的高度，這是我們人生的新高。

雄毬花。

熟的雌毬果。

追求自己的新高度

對我來說，這種感覺跟登山完全不同，當人費盡千辛萬苦攀上高峰時，可能會覺得自己征服了那座山，或是突破了自己體能與意志力的極限。但攀樹完全不是這麼回事，當你有機會待在這樣的樹冠頂時，肯定只有對那棵樹滿滿的敬意跟感謝——至少我來到樹頂是懷抱這種感受的。

我跟裕昌互相拍照，留下彼此到達五十公尺高的庸俗證據後，各自開始忙活著自己想做的事。我拍著樹上各角度的照片，欣賞不同於地表的景色，眺望挨著鳳凰山瀰漫的山嵐。偶爾一陣徐風吹來搖動著樹梢，我不禁發出擔心的驚呼。「你還會怕喔？」裕昌問著。「拜託，當然會，很高耶！」我回答。接著我們又各自專心自己的事，想到什麼就有一句沒一句地聊天，就這樣重複著（但一點也不覺得無聊），一待就是兩個小時，直到再不開始往下可能就得摸黑的地步，我們才呼喚在臺灣杉上的朋友們，提醒他們開始往樹下移動。

未熟的雌毬果。

從巒大杉望向臺灣杉上的攀樹者。

巒大杉上的我。

往下俯視巒大杉的枝葉。

我相信愈是堅持單純的理由，
愈能達到極致。

下樹的過程總是比上樹來得短暫，最後我們仍認真用攀樹繩量測了這棵戀大杉的高度，得到的結論是：「如果沒有五十公尺高，肯定也有四十九公尺高。」而且我知道就算現在沒有高達五十公尺，有一天它肯定也會超過五十公尺的。不過真要說起來，對五十公尺這高度的追求，應該也只是攀樹者自己訂下的虛榮目標。我相信愈是堅持單純的理由，愈能達到極致，就像戀大杉本身只是努力又認真地生長著，就能成為這森林中第一棵得到陽光眷顧的大樹。

從臺灣杉上下來的伙伴們都露出滿足的表情，有人因為全身靠著樹身，衣服布滿了臺灣杉所給的印記，卻仍一直說著：「好像作夢一樣喔！」有人說明天他還要去苗栗赴攀爬大樟樹的約，各有不同的規劃……但相同的是，我們共度了愉快的一天。下次我們還要來攀哪棵樹呢？

DIARY .4

回來後我查詢了資料，在關於戀大杉的說明中看到，戀大杉大約可以長到五十公尺的高度──這不就是我們所攀爬的高度嗎？也就是我們似乎不經意地攀爬了戀大杉中的佼佼者，以致最近愈來愈有「究竟是我選了樹來爬，還是樹選擇了我？」的想法，也許是都有吧！

在千年參天巨樹上，
感受生命的能量。

這個世界上無與倫比的巨大生命體，
承載孕育無數生命。
只要不是在垂直的枝幹處，
每個地方幾乎都充滿了住客。

臺灣第二大的鹿林神木

紅檜

05

樹木年齡	2700年
樹木高度	43公尺
生長位置	南投縣信義鄉鹿林山區
本次任務	進行樹冠層附生植物的調查

那是個平地如烤爐一般，盛夏八月的最後兩天。我沿著蜿蜒的新中橫公路行駛，從低海拔一路攀升到霧林帶，映入眼裡的盡是臺灣獨有的美景。若是平常的我，肯定是停停走走，絕不願白白放過能在相冊再添幾頁的機會；然而這次有個更大的目標，所以我怕時間不夠似地，一路驅車前往會合地點——塔塔加遊客中心，等主要人物們都到達後，再一同前往本次的目標所在。這次我們的任務是要用攀樹技術來調查樹冠層的附生植物。

天候欠佳，不澆熄期待

當天山上的氣候並不是很理想，讓我們實實在在地體會到臺灣中海拔霧林帶的特色。由於先前天氣預報說那天的氣候不會太好，因此本來一行預計十人也減至五人。到了預定日期的前幾天，天氣成了考驗我決心的最大挑戰，但由於我私心作祟（也可以說是我堅定信念的決心），最終以「下次機會不知是何時」為由，說服其他人願意風雨無阻地一同完成這次任務。

人員會合後，我們從塔塔加遊客中心出發，不久便到達車行的極限。

大家熟練地開始整理自己的裝備，紛紛端出「重兵器」，由此可感受到每個人準備面對「Big Tree」的那種氣氛。從事前的準備資料得知，今天的目標離馬路並不遠，而實際到現場後，發現還真是到達難度為零的Big Tree。我實在難以想像，如此令人敬畏的大樹竟就在馬路旁；然而，與其他臺灣前十大神木發現的時間相比，這還是最晚被發現的。我看著祂，心裡湧現一種不知如何言喻的感受，單是在下面欣賞，就覺得自己可以在那耗上一天，這令我神往的主角就是鹿林神木。

在樹下敬畏、讚嘆的感受，很快被即將登上祂的雀躍心情所取代，而雀躍的心情隨之被時間壓力跟天氣給壓制。簡單聽完本次任務召集人威廷的工作說明後，大家便開始著手準備。

攀樹先鋒為夥伴開路

至於我，不免又是擔任架設攀樹繩跟所謂「攀樹攻擊手」[1]的角色。要將攀樹繩架設到如此高大的樹上，我也算是經驗豐富，但這次因為到達難

注1　我們會用溯溪或攀岩時的用語，稱呼第一位上樹的攀樹者為「攻擊手」。攻擊手除了技術要比較好外，也必須能進行一些障礙排除及應變，讓接下來的夥伴能更輕鬆地上樹。

度為零的關係，所以還多準備了稱為「空氣砲」的抛繩槍（比較像火箭砲啦），沒想到在一番折騰下，空氣砲並沒有發揮功用（白帶了……）以致最後架設的部分，還是我用純人力把投擲繩抛到約二十五公尺高的枝椏上。光是這樣，大概就花了一個小時左右，因此我們總說「丟豆袋是最難的」。

在第一條攀樹繩架設好後，這時攀樹攻擊手才要開始發揮作用。因為總共有五位要上樹，因此我最主要的工作就是先到樹上，然後架設其他人所需要的繩索。由於鹿林神木的官方測量紀錄是四十三公尺高，所以我們架設在二十五公尺高的第一條攀樹繩，估計只到祂的一半高度多一些。接下來我要做的，就是先爬到二十五公尺處，接著再架設二條攀樹繩供大家攀爬上來。在其他人攀爬的這段時間，我繼續往上爬到樹冠，最後在接近樹冠處再多架設一、二道攀樹繩，讓到達二十五公尺處的人能繼續往上爬到樹冠。

以上大概就是我的工作內容，至於樹冠層附生植物的研究，當然就由威廷來負責。雖然現在用文字表達，大概幾行就可以簡單交代完畢；但當我從二十五公尺高的地方，再爬到樹冠頂，那又是經過大約二個小時的事了……。

二十五公尺處的風景

我們正式開始攀爬的時間，大約是當天的上午十一點。因為已經架設好攀樹繩，所以往上攀到二十五公尺這件事就是今天最簡單的部分，估計我只花了十分鐘不到，就來到二十五公尺處。不過今天爬起來感覺比較不同的是……很喘，我想這應該是因為海拔高度的關係（絕對不是年紀影響）。

在那段上升的過程中，感覺跟過往爬Big Tree的經驗不太相同。之前攀樹繩大都架設在樹體旁伸出的枝椏，比較像在樹幹邊或是離樹幹有些距離的狀態下攀升。而鹿林神木則像是在樹身中往上爬，這可能是因為我架設的分岔位置剛好在樹體中間，加上神木本身太過巨大，往上攀升時感覺就像是被幾棵大樹包圍。不過也恰好因為這樣，我得以在這零至二十五公尺的過程中，近距離觀察兩側的樹身。

在那十分鐘不到的時間，由迷霧與森林包圍那如夢似幻的情景，讓人彷彿置身時光隧道，直到第一階段的終點（二十五公尺處），才不得不回

我們架設在二十五公尺高的第一條攀樹繩，估計只到祂的一半高多一些。

到現實，認真面對該如何繼續往上這件生死攸關的「小事」。

千年巨木在保護我

從這麼高的位置俯視地面上的其他夥伴，大概就像花生般大小，說實話，當人生第一次到達這個高度時，通常都會想：「掉下去會不會死？」我本身也曾經歷如此過程。當然最後自我解套的方式就是「不要掉下去」，因為不需要研究掉下去會不會死，答案其實就是肯定句。所以還不如多精進自己的攀樹技術，並且相信裝備、相信你所選的樹。還記得最初

上攀過程中，被迷霧與森林包圍。

的攀樹老師總對我們說「攀樹人都有一劫」，就這句話，讓我攀樹時總是處處小心戒慎；但其實更希望自己的那一劫，早已在之前拿手鋸不小心弄傷自己時就過完了。

不過奇妙的是，在鹿林巨木上我總有一種安心的感受，就像是被保護住的感覺。從科學上來講，也許是因為這些樹實在太大了，大到讓人在高處感覺仍像站在地面一樣，因此除去了心理上對高度的恐懼。但我更喜歡一位接觸「薩滿」的朋友所說：「這是祂幾千年的能量，那是很巨大的正能量，讓你感覺到祂在保護你。」截至目前為止，這種感覺還是在鹿林神木上最為強烈。

在雲霧裡緩速前行

講了那麼多題外話，該回來說說繼續往上的事了，由於二十五公尺大概才到鹿林神木一半高度多一些，再來我要面臨的處境，是眼前大約有三、四枝分枝（雖說是分枝，但鹿林神木的分枝可都是要二、三人才能環

幾千年是很巨大的正能量，
讓你有感覺到祂在保護你。

抱），必須猜測接下來繼續往上的是哪一枝，因為選擇的機會只有一次[2]，所以常常也是要碰運氣。

也許你會問，為何不抬頭看看哪枝最高、最好呢？不妨想像一下，當你站在茂密的森林底層抬頭往上，看到每棵樹的枝葉都遮蔽了天空，根本無法分出哪棵樹是最高的……大概就是這樣的感覺，只是場景從森林底層搬到二十五公尺高而已。

最後我當然是選擇離自己最近的分枝，然而接下來就不是「往上拋繩轉換系統並一直往上」這麼簡單了。此時剛過中午，水氣漸漸增加，讓迷霧森林的視野愈趨朦朧，而在海拔二千公尺以上的高度，我也分不清周圍飄的是霧還是雲了。因此，相較於一開始的上升速度，我現在簡直是龜速前進，每次往上轉換支點都耗了不少時間跟精力。直到最後在離樹梢約十公

注2　通常爬這種大樹，很難在一天內爬上去後才發現有更好的，然後趕緊下來換一枝，這次就是這樣。

站在樹梢往下望是看不到地面的，只能看到下面年輕森林的頂層，也就是一般森林的樹冠。

尺處有個小小樹冠平台，那時往下望去才發現，原來剛剛我幾乎像盤龍柱一般，繞著主幹往上爬了一大圈。

接下來可就輕鬆了，剩餘這大約十公尺的距離，只要像爬樓梯一樣往上（當然身上還是要有攀樹繩啦），一步步往上轉換支點就能到達樹梢。抵達樹梢後，除了好好享受這為數不多能到樹梢的攀樹經驗外，更要感受一下在這千年巨樹上的風光。

從千年巨木往下看的世界

許多人曾問我：「站在那種樹梢往下看，不會感到恐懼或害怕嗎？」其實，站在這種樹梢上是看不到地面的……以鹿林神木的樹梢來說，就只能看到下面年輕森林的頂層，也就是一般森林的樹冠。我完全沒有大家直覺想到的恐懼或裸露感受，只有滿滿的感動跟讚嘆；人類一個世代的演替，或許都沒有我剛才攀爬的小枝幹來得久，這樣一想，很多事其實也不是那麼重要了（不過工作還是要完成）。

再來就是下降的部分。我得選擇一個離樹梢最近且夠堅固的枝幹，架設俗稱為「大小圈」[3]的樹木保護器，並安置一條能到達離地二十五公尺處的攀樹繩，讓下面的夥伴不用像我一樣折騰，就能輕易到達樹梢。設置完成後，我使用繩索量測自己所站的樹梢處，大約離地四十五公尺，與官方多年前量測的四十三公尺高相去不遠。不過我從所在的樹梢環視一周，發現有二、三枝樹梢比我的位置還要再高一些，這次的高度測量雖不列入官方紀錄，但鹿林神木肯定已經比四十五公尺高了。

承載無數綠生命的枝幹

當我回到二十五公尺處時，大概已經是下午三點半了，兩位臺大實驗林的夥伴威廷夫婦一邊把握時間記錄跟調查，一邊也往上到樹梢，我與另外兩位夥伴則在二十五公尺處休息、補給跟拍照。這兩位夥伴是第一次來參與這種Big Tree的攀爬，荏涵正經歷我之前的那種對高度擔心、害怕的過程，怡斌則對樹上有這樣一層層如空中花園般的情景感到新鮮跟驚奇。

隨著樹上工作進入尾聲，我們就要做最後也最重要的事——安全回到地

注3　可以讓攀樹繩架設在樹上時，不直接與樹枝接觸，保護樹木不被繩索磨傷。參照攀樹小百科17（p.320）

這個世界上無與倫比的巨大生命體，

孕育了無數生命。

面，並且要將所有裝備一樣不留地回收。比起過往採種的技術[4]，「安全」與「不傷害樹木」這兩件事是現在我們的攀樹技術最重要的優點。

當其他人一個一個地往下回到地面後，我仍留在樹上，確認所有裝備都無誤回到地面才開始下降。雖然周遭是同樣的景色，但往上往下各有不同的精采，往上爬時是讚嘆與驚奇，往下降時則多了一份感謝。在這次下降的過程中，我更能看到這個世界上無與倫比的巨大生命體，是如何承載孕育了無數生命。說來一點也不誇張，只要不是在垂直的枝幹處，每個地方幾乎都充滿著生機，住客甚至多到連鹿林神木本身的樹皮都無法顯露出來。有時不免感嘆，人類到不了的地方，就是地球上破壞最少的淨土了。

二千年前，是顆不到一公分的種子

記不清是哪位前輩說過的話，讓我覺得很有道理：「當這些神木的種子逐一落地時，就註定長成千百年的神木。一開始就是註定好的，並不是所有紅

注4　以前需要在千百年母樹上打ㄇ字釘往上爬，卻會對樹造成傷害。

檜種子都可以長成神木，就是要在當初的那種環境，種子落在那樣的地點，才有如此的機會。而現在紅檜林中再長出來的種子，肯定也沒這個機會了。」那時我有些不了解，而現在似乎也慢慢懂了。實在很難去想像，一顆紅檜種子的大小才約三公釐，但矗立在我眼前高可參天的鹿林神木，那可是三公釐的多少倍呀！「請祢再活二千年好嗎？」最後離去前，我心裡想著。

後記

自2018年後我們運用攀樹技術協助嘉義大學森林系詹明勳老師，執行了林業及自然保育署嘉義分署的阿里山巨木群、及新竹分署的拉拉山及觀霧巨木群的結構安全及樹齡等相關的研究計畫，研究結果直接證實了我們現存的紅檜巨木有相當多都是所謂的合併木，彼此樹幹跟樹根都會互相嫁接，意即矗立在我們面前的紅檜巨木實際上可能是好幾棵一起生長，相對樹齡也年輕許多，本來測定是一棵2000歲的巨木可能是幾棵800歲的紅檜合併生長，完全顛覆了過往的印象。但即便這些巨木實際樹齡只有幾百到千歲，依舊是令人讚嘆無比的生命呢！

DIARY .5

一整天下來，我們在霧雨中完成整個調查任務。對我而言這次最艱難的部分，既不是高度的克服，也不是攀樹技術的考驗，而是一場精神與體力的賽跑，若以跑步來類比，我想應該就是馬拉松了吧！從上午十一點開始攀爬，最後回地面應該是下午六點（當然我們在樹上有補充食物）。一下樹真的感覺體力幾乎耗盡，接著包含我在內的所有人，自然是去好好地解放了（笑）。

站在土石流大地的神木。

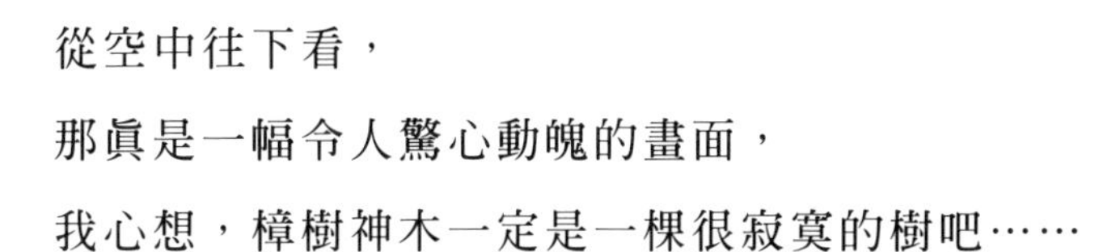

從空中往下看，

那眞是一幅令人驚心動魄的畫面，

我心想，樟樹神木一定是一棵很寂寞的樹吧……

東亞最高大的樟樹巨木

06

樟樹

樹木年齡	800 ～ 1000年
樹木高度	約43公尺
生長位置	南投縣信義鄉的神木村
本次任務	調查樹上的附生植物

這一年的清明時節不同於以往，天氣並沒有雨紛紛，而我們選在這時間點去造訪臺灣十大神木中唯一的闊葉樹——排名第九的樟樹神木，算來也是個緬懷先祖的特別儀式。

沿途土石流肆虐的景象

故事開始前，先介紹一下「樟樹神木」，這棵神木位於南投縣信義鄉的神木村中（此村的美名便是由它而來），不過由於神木村歷經幾年來豪雨與土石流的災害影響，目前已處於幾近遷村的狀態。由新中橫轉往神木村的路上，盡是看到土石流肆虐過的景象，不禁令人心生畏懼，也感嘆不知該將之歸為自然災害，抑或是人為過度開發所導致的反撲？

樟樹神木又稱「和社神木」，在此之前我未曾來過，多年前此處是熱門的觀光景點；位在樟樹神木前的解說牌上寫著，祂不僅是臺灣最大的樟樹，更是東亞最高大的樟樹巨木，由此更可看出其重要性，絕不單是臺灣第九大神木而已。

除此之外，在臺灣十大神木中，也唯獨樟樹神木的存在不僅具有植物、生態上的重要地位，更有與人類文化連結的緊密關係。由於樟樹神木一直是當地的信仰中心，因此被當作樹神祭祀與對待，從祂身上圍繞著象徵神靈的紅緞帶，以及旁邊為其設立的小神龕（其實已經是廟的規模了），便可見識到其文化地位。

巨大的樟樹神木，是當地的信仰中心。

樟樹神木影子與神龕旁的大樟樹。

前所未見的巨大樟樹

接著來說說我初見樟樹神木的故事。經過路上土石怵目的景象，我們車行至小神龕（廟）處停妥，車旁便有一棵矗立的大樟樹，這棵樹如果搬移到城市中，肯定會被當成受保護老樹或伯公樹等級的大樹，但朝神木方向望去，祂那挺拔的樹身，完全不是身旁這棵樟樹所能相比的，對照之後，任誰都肯定無法將目光從樟樹神木上移開吧！

從車上取下攀樹所需的裝備後（攀樹前的裝備檢查是很重要的喔），當然是先拿著相機到神木旁走一遭。經過近距離的接觸後，本以為還算認識樟樹的我，現在覺得自己真的太自以為是了，不論身形、樹皮、高度……都是我前所未見的樟樹形態，實在是太巨大了。直到後來我爬升到約二十五公尺高、能接觸到祂的葉片時，心中才真真切切地確定──祂是我在平地常見的樟樹。

這段時間，七個人各自進行著自己與神木的儀式，拍照的拍照（我）、測量的測量、讚嘆的讚嘆、計畫的計畫……我想每個人都有自己上樹前的

SOP（標準作業流程）吧！面對這樣的大樹，夥伴們心中不免都默默地認真起來，一段時間後，我們還是先進行了民俗儀式，不分宗教與信仰，就是一種尊重，算是正式與祂打了招呼，畢竟我們待會可是要到人家身上去叨擾。當然，這次我們還有其他任務在身，受臺大實驗林委託，協助調查樹上的附生植物，順便清除會對樟樹神木有不好影響的雀榕。

檢查完攀樹裝備後，至此可算是完成所有攀樹前的準備了。

第一個挑戰：支點太高，上不了樹

我們準備架設攀樹繩時面臨了第一個難題，根據舊資料照片，大約在樹木十五公尺高的地方有個巨大側主幹，直徑約兩公尺，如今只剩下被颱風吹斷的一些殘枝（雖說是殘枝，仍可以感受到祂原來的巨大）。麻煩的是，這樣的殘枝是無法架設攀樹繩的，我們必須將本來預計要架設的最低支點提高，而這一提高，就來到約二十五公尺的高度。這下有趣了，由於沒人預料到這狀況，所以什麼大彈弓啦、空氣砲[1]啦，都乖乖在家躺著，

注1 大彈弓和空氣砲都是投擲豆袋的工具。參照攀樹小百科20（p.326）

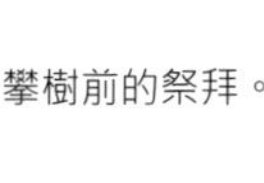

攀樹前的祭拜。

這也代表我們必須用人力將豆袋投擲到約二十五公尺高的支點，才有辦法開始今天的攀爬。

面對這樣的窘境，大家都認分地熱身起來。而在我過往的投擲經驗中，可以控制準度的高度大約落在二十二公尺高（在平地要找到比這更高的樹也很有難度了），二十五公尺倒是個沒嘗試過的等級，七人之中的兩位女性默默在旁邊看起戲來，剩下的五位男性只能挑戰看看。這真像孤注一擲的劇情，沒中，今天就只能進行野餐行程；中了，攀樹劇情才能展開。

在各自投擲一番後，我最先擲中目標支點並完成兩道攀樹繩的架設（那時只有我投擲高度夠高，準度也還在控制內，後來我更確定，攀樹這件事不光要有力氣，更需要身體上的肌肉協調）。架設好攀樹繩後，我們量測確定最低支點高度真的是二十五公尺。為了架設最低支點，我大概投擲了十次，整個過程幾乎就讓我癱軟，然而這還只是攀樹的開始⋯⋯。

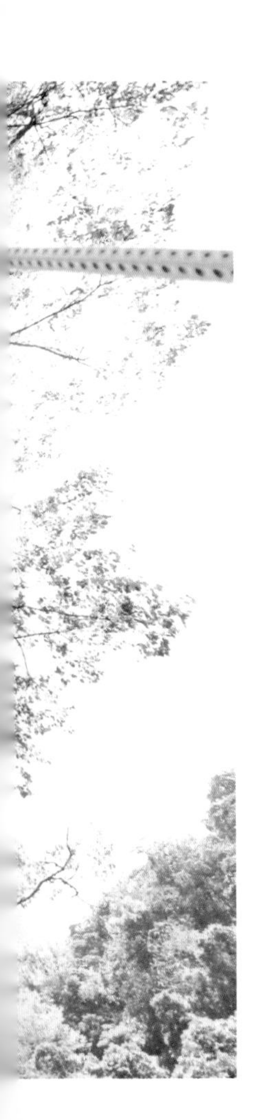

半空中望向25公尺支點。

攀上樹，卻升起害怕的感覺

接下來的計畫就是「往上」這件最「簡單」的事了，忘了那時大家是怎麼決定的，第一個爬的居然還是我……。

有時這種只要單純付出加努力就能達成的過程，總能讓人沉澱與思考。等我上升到大概十五公尺高後，幾乎就聽不清下面夥伴們談話的聲音，加上是懸空攀爬，那時與我最近的，是距離三公尺遠的樟樹神木樹身。整個世界好像安靜了下來，只剩下簡單的風聲跟喘息聲，而思緒好似也跟著簡單起來，這裡只有樹與我，曾有那麼一刻，我享受著這樣的寂靜。然而時間總是不留情地催促著，快爬吧，還有工作要做呢！

樟樹神木被吹斷的殘枝。

從空中望向神龕及土石流過的景象……

我心想，樟樹神木一定是一棵很寂寞的樹吧。

就在愈來愈接近上方支點的另一個瞬間，一幕景象映入眼簾，令我久久無法忘懷。這棵神木與以往爬過的大樹不同，周遭沒有森林環繞（以前應該有），眼前有一半以上的範圍被土石流覆蓋。其實我們在開始攀樹前就知道這個事實，不過從空中往下看，那真是一幅令人驚心動魄的畫面，我心想，樟樹神木一定是一棵很寂寞的樹吧……置身於如此背景，我不自覺地害怕起來，在我所爬過的神木中，唯有目前這棵讓我有害怕的感覺。但，樟樹神木是否也在害怕呢？

生長在主幹的住客

由於一開始的架設點沒有選擇餘地，因此上攀到架設點並沒有其他支點可踩，從零到二十五公尺的過程一直處於懸空狀態。不過麻煩的其實不是往上攀爬這件事，往上爬向來只要有耐心、不放棄，總能到達架繩的支點；這次的難題是，到了支點後該如何移動到主幹，找一個穩固的腳踩點，以利接下來繼續移動到更高的樹身上。

樟樹神木上的住客──小騎士蘭。

這種考驗攀樹技術的情況，雖然平時也遭遇過不少，但二十五公尺高跟十公尺高，兩者可就是天差地別了，更別說下面還有被土石流肆虐過的景象，整個視覺衝擊不同於一般。不過關關難過關關過，我就是一點一點地緩慢移動，那時的動作用小心翼翼來形容可能還不夠貼切，應該更像是戰戰兢兢（我從零到二十五公尺的上升速度若是像猴子，這三公尺的橫移速度大概就像蝸牛）。經過一番努力，總算翻上了樟樹神木的主幹。

這一上去真是草色入簾青，眼前景色被整片「蜘蛛抱蛋」塞滿，雖然不是花季，但這群蜘蛛抱蛋用近乎霸占的方式，布滿了樟樹神木所有能生長的地方，這誇張的模樣讓人產生身處森林底層、必須穿越草叢的錯覺，我不禁好奇等蜘蛛抱蛋一齊開花時，那又會是如何的畫面？

又經過一番折騰，我增設自己在樹上的一條攀樹繩，以及另一條供其他夥伴在二十五公尺處轉換的攀樹繩（以免受跟我相同的辛苦），之後總算可以在其他人上攀的這段時間，好好琢磨這高度約三十公尺的祕境。

此時，一根螺栓突兀地出現在我的視線中，可以確定之前有其他人上到

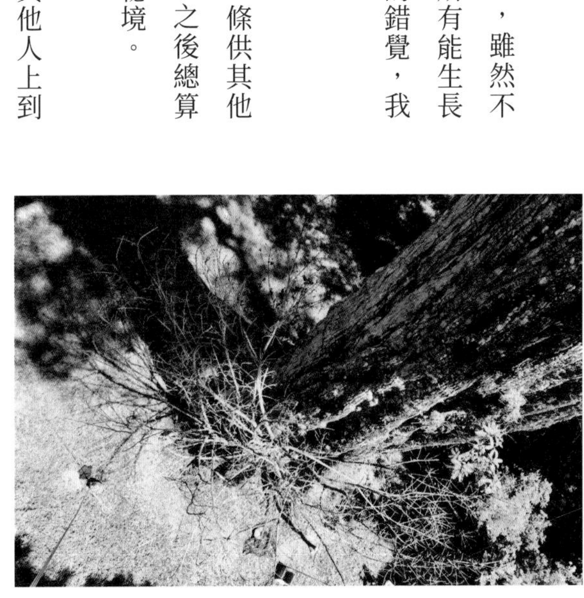

空中向下俯視樟樹神木主幹上的雀榕。

這裡來，畢竟這棵樹如此重要，人類自然會保護，因此在樹上打螺栓並裝設避雷針。至於當時的人如何上來，我想應該是打上ㄇ字釘做為階梯吧！看到這根螺栓，我絲毫沒有批判這種做法對或錯的念頭，只有對樟樹神木的歉意與心疼，但轉念一想，裝設避雷針可能也讓祂免除了不少雷殛。不過或許是因為年代久遠，樹上並沒有避雷針與接地銅線，徒留那根螺栓。

在我之後，一定也還會有人再上來，雖然我無法控制，卻希望後人會採取與我們相同甚或更好的方法到樹上，對樹木多些友善與尊重。

樹身上的螺栓。

這群蜘蛛抱蛋用近乎霸占的方式，
布滿了樟樹神木所有能生長的地方

我要攀上樹冠嗎

又過了些時間，到最後七人中一直待在樹上的只有四位（現在都是攀樹師，難道是因為爬得上來所以才成為攀樹師嗎），兩位女性大約是在二十公尺處就決定下降，我想可能是經歷了我稍早所受的視覺衝擊，另一位則是在二十五公尺處決定不再繼續。我覺得攀樹就跟人生一樣，不放棄、慢慢爬終究會到，選擇往上或往下的也是自己，沒人勉強得來，有時候覺得可惜或懊悔，可能比堅持還得到更多。至於選擇繼續往上的我，我想或許是倔強吧，而另外三位，就是他們自己的修行了。

上來之後，我們發現這平台被神木的主幹明顯分為兩端，向東端延伸的長度較長，向西端較短，但往上發展較多，雖然不比之前另一棵神木的空中平台來得大，但去掉擔心、害怕、恐懼這些情愫後，要讓一個人躺下並左右翻轉應該也是有餘。

接著我們開始工作——協助調查附生植物，大家四處搜尋，協助記錄樹上有多少種植物，會拍照的拍照，不會拍照的就看有沒有瞥到不同的物

空中望向樟樹神木主幹。

在樹上各自工作的夥伴。

下降前向下俯視。

樟樹神木主幹上的大樹洞。

DIARY .6

之前我一直不解，明明攀爬樟樹神木只到約三十五公尺高，這在我的攀樹紀錄中並不算特別高，為什麼卻會讓人感到如此害怕，沒有再往上的欲望？

後來累積更多攀樹經驗後，我得到較科學的解釋是，那種土石流營造出空曠的空間感，讓我感受到心理上的壓迫，明顯與攀爬其他約三十五公尺高的樹不同。如果周遭被森林環繞，就算是在三十五公尺樹冠，從上往下看其實並不會覺得自己在很高的地方。而樟樹神木剛好相反，雖然祂樹體這麼大，但空間感太過透明，讓我直接感受到高度的衝擊，從而產生保護自我的恐種，再一一回報給威廷，忙碌了將近兩個小時後，我們大致完成任務，接著是在上面的自由活動時間，我當然就是抓緊時間多拍些照片，跟我旁邊的學長裕昌一搭一唱地互相拍了不少照片。

說也奇怪，這平台約二十五至三十公尺高，而神木最高大約四十公尺，我們四位竟沒有人想再往上，這與大家以往「有大樹可爬，豈可不到最高點」的習慣大相逕庭。也許大家隱約都有擔心或害怕，事情才會在沒人說想到樹冠的情況下了結。

最後大家都安全回到地面，照片照了不少，裝備器材也完整回收，一切圓滿地結束，但我卻有種少做了什麼的感覺，是沒登上樹冠？還是沒到西側（大家都在東側）？那是……一種悵然若失的感受，興許是在樹上看了土石景觀，也許是看到主幹中心的大空洞，抑或是看到樹身的螺栓，可能是祂看起來仍生機盎然地努力活著，我怎樣想都不知道，應該也沒有答案，只希望下次還會再來，那時我再來問問祂（或是問自己）吧！

懼心理。

雖然科學解釋是滿講得通的，不過另一方面我也很喜歡薩滿朋友說的：「因為祂處在土石流區，連自己都可能在害怕，所以傳遞出來的能量就在告訴你，祂很害怕，不知道自己可以撐多久，你在祂身上很危險，趕快下去吧！」也許，我下次再去問祂吧！

採集
WORK
樹冠層的祕密花園。

到了樹上後，
不禁讚嘆樹上有許多的附生鳥巢蕨，
但同時又想到這些無盡繁瑣的記錄，
那眞是複雜的心情。

垂直往上的平行世界

07 木荷、臺灣杉、日本柳杉等

樹木年齡	不定
樹木高度	約20公尺
生長位置	溪頭森林遊樂區
本次任務	調查或採集樹上的附生植物

有些人說「樹是無私的」，這樣的形容是對也不對，如果排除一些有毒他作用的樹種，以及有纏勒與絞殺現象的榕樹，我們應該可以說樹是無私的；不過就算是「毒他作用」或「絞殺其他樹種」，其實都只是為了確保自己生存下來的方式，大多數的樹碰到不請自來的客人時，常是默默接受這些客人成為身（樹）上的住客，而這些住客就是所謂的「附生植物」或「寄生植物」，所以參天大樹其實提供了相當多的空間，給許多植物另一個生存環境的選擇。我們生活的美麗寶島有著無可比擬的豐富植物資源，附生植物更是不遑多讓，可惜我不是植物專家，無法一一告訴大家自己看到多少種附生植物，甚至看完之後下次可能還是記不得（相比之下，樹種分辨簡單多了），因此分辨這些附生植物的難事，就交給那些需要懂的研究者，而我提供攀樹技術，幫助他們攀至原本到不了的地方，這樣就簡單多了。

樹冠層附生植物調查工作

我第一次「真正」進行與樹上附生植物相關的攀樹工作，是在臺大實驗林的溪頭區域，協助威廷該年度研究計畫的一部分，在這之前我從沒來溪

標記被放樣的樹。

頭森林遊樂區攀過樹，只聽威廷說溪頭的樹高度都是二十公尺起跳，原本我以為他是指園區中那些高聳直立的杉林；但萬萬沒想到第一次來協助的樣區，根本就不在我們熟悉的大學池、竹盧等熱門景區。那天我與威廷會合後，便一路驅車直到馬路的終點——鳳凰山天文台，而這才是今天的起點，我們的目標不是腳下那些與天爭地的人工造林杉木，而是鳳凰山的原始林，因此必須先背著裝備，沿鳳凰山的稜線步道行進，走過一段不長也不短的距離後，才會到之前威廷已先放好標誌的樣區。

我扛著跟登山用大背包一樣重的裝備，約莫走了三十分鐘後，來到了最接近的樣區，沒錯，只是最接近的樣區，繼續深入還有許多樣區，我問威廷：「平常你都自己來嗎？」他的答案是YES，因為大家都有各自的業務，很難抽空出來幫忙，所以這種野外調查如果只有一個人，通常是很大的負擔，所以他這次找我，相信應該會很有幫助。聽完威廷這番話，我原本輕鬆愉快的心情突然有了壓力，不能單純來爬大樹了，得認真工作才行。

這天的主要工作內容，大致是由威廷先選定樣區[1]內哪些樹值得進行調查與記錄樹上附生植物，再將豆袋投擲到適當位置（通常是可以架設攀樹

注1 為研究方選定一個區域作為調查的範圍。

繩的最高枝椏），完成後再換成一般的尼龍水線，這樣之後要上去記錄就不用再投擲豆袋架繩（這是攀樹最麻煩與花時間的部分）。到了第一個樣區後我們快速放下裝備包，威廷去選樹，我則準備好投擲用的器材（就是豆袋、投擲繩跟收納袋[2]）。

高聳入雲的原始林

出乎我意料地，這座原始林裡的闊葉樹高得驚人，原來我在平地見到的那些次生林若再早一個時期，樣貌應該就會跟這邊差不多，而林中最高的樹種大概就是木荷了，若不是它的樹皮與杉木完全兩樣，還真不知道怎麼有闊葉樹可以長得這麼高又直（隨便都有二十公尺左右），我很快開始上工去丟豆袋並架設尼龍水線，這是在出發前就知道的工作內容。原本想說丟丟豆袋對我而言應該不是什麼苦差事，但看看最後結束時的成果，大概每棵都要丟個二十公尺，果然輕鬆的工作輪不到我啊……。

樹的高度當然是挑戰之一，不過跟在平地投擲豆袋相比，原始林更麻煩

注2　投擲繩收納袋，英文是「storage」，收納投擲繩及豆袋用。參照攀樹小百科17（p.321）

的是周邊環境，由於沒有太多「舒適」空間可供站立，若是投擲順利，一棵樹大概拋個幾次就能完成，但如果不順，拋三十分鐘以上都有可能，更糟的是豆袋一不小心卡在樹上，那原本不需要攀樹的工作就變成不上樹不行了，而當天果然依循著莫非定律，就是當我不想上樹時，反而一定得上樹。不知道經過幾棵丟丟走走的循環後，裝備包裡的攀樹器材終於要派上用場了——當然是因為豆袋卡在樹上了。

畢竟在這樣的原始林內，肯定沒有「人」攀過這些樹，因此樹上不知蒐集多少經年累月的腐植質，加上恣意生長的枝條，要不卡住還真是不容易，但通常在我有想偷懶的念頭時，豆袋特別容易卡住（所謂偷懶，就是沒丟中目標時不將豆袋拆掉，想省事直接拉回投擲繩），幸好通常我會準備兩顆豆袋，一端投擲繩卡住，還有另一端可以使用（但豆袋如果只有一顆就沒輒了），不過這種情況可就不能冒險把目標定在太高或太難的枝椏上，因為如果又卡住就真的尷尬了……就這樣，我選了較低的簡單枝椏，寧可到樹上再往上轉換枝椏，慢慢到達目標，以避免再讓另一個豆袋卡住。

從上往下俯視其中一個樣區。

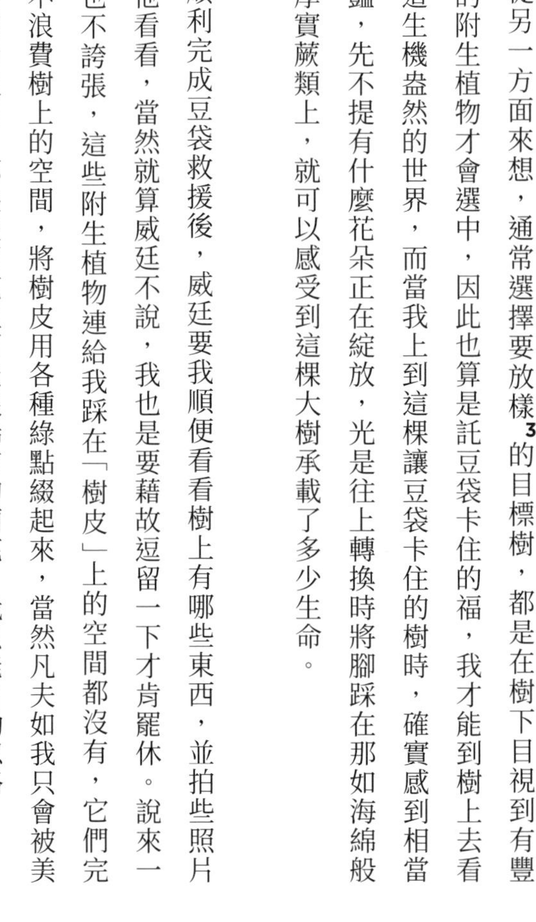

樹幹是生機盎然的小世界

從另一方面來想，通常選擇要放樣[3]的目標樹，都是在樹下目視到有豐富的附生植物才會選中，因此也算是託豆袋卡住的福，我才能到樹上去看看這生機盎然的世界，而當我上到這棵讓豆袋卡住的樹時，確實感到相當驚豔，先不提有什麼花朵正在綻放，光是往上轉換時將腳踩在那如海綿般的厚實蕨類上，就可以感受到這棵大樹承載了多少生命。

順利完成豆袋救援後，威廷要我順便看看樹上有哪些東西，並拍些照片給他看看，當然就算威廷不說，我也是要藉故逗留一下才肯罷休。說來一點也不誇張，這些附生植物連給我踩在「樹皮」上的空間都沒有，它們完全不浪費樹上的空間，將樹皮用各種綠點綴起來，當然凡夫如我只會被美麗的花朵吸引，那些沒開花但可能很稀有的蘭花，我只能自動忽略。

注3　在樣區選擇特定的樹木作為調查對象。

從放樣的樹上俯視樹上的附生植物。

它們完全不浪費樹上的空間。

我在樹上看到幾朵開花中的蘭花，拜科技發達之賜，可以拍照傳給地上的威廷確認，因此認識了這種小巧精緻的蘭花——小攀龍（別名著頦蘭、三星石斛），另外還有也在開花、花朵如同可愛小鈴鐺的凹葉越橘，雖然不認識它，但看著凹葉越橘膨大成一球一球的根瘤，我想這應該是有固氮作用的根瘤菌所造成。後來查找資料得知，原來凹葉越橘還有「老鼠連珠」、「鵝抱蛋」等超級貼切的名字，若不是在樹上近距離看見，我對這些以「形」來命名的植物可能不會有這麼深的體會。

後來我連同尼龍水線一起在樹上置放完後便下了樹，這時輪到威廷心癢，所以換他攀上樹，我則在地面休息用餐。既然樹上有這樣豐富的附生植物存在，我想地面有這麼多天然的落葉等腐質層，應該也孕育了不少生命。在邊休息邊四處張望後，排除那些低矮的灌叢跟一些帶刺令人退避的植物（例如菝葜），這個季節應該很有機會看到其實不是蘭花、名稱卻冠有蘭字的水晶蘭。果不其然，在我將焦距調整到地面沒多久，就發現了水晶蘭的芳蹤，當第一株出現後，其他水晶蘭突然如雨後春筍般地冒出在我的視線範圍；當然它們本來就在那，只是我們習慣只看自己想看的東西，常會忽略這些小巧可愛的精靈，因此說人類「目光短淺」，還真是再貼切

在地面發現小巧可愛的水晶蘭。

不過的形容。這一天我不記得放樣了幾棵大樹，似乎有超過威廷原先預期的進度（總之沒有漏氣是件好事），但我總覺得不多，因為這只是全部樣區的冰山一角……。

樹上開花中的蘭花──小攀龍。

凹葉越橘花，如同可愛小鈴鐺。

凹葉越橘的根瘤。

變化萬千的生命樣貌

後來在這鳳凰山步道沿線樣區，我又獨自去做了一次單天的放樣，走得比之前更為深入，雖然對工作愈來愈熟悉，也放樣了更多樹，但其實仍無法超過一天十棵樹，這也讓我感受到這些野調人員有多辛苦。而在林林總總的放樣經驗中，不乏遇到第一拋豆袋就卡住，為了救卡住的豆袋又丟了第二顆豆袋上去，然後又卡住，直到動用第三顆豆袋才回收卡住的兩顆豆袋的情況；也曾看到一棵筆直高壯的樹，在樹身大概六公尺高的地方長出竹葉的奇景，我驚呼奇妙並接近審視後，發現原來樹木本身中空，而樹身中的地面長出了一棵孟宗竹，直到六公尺左右，才從中空樹幹的小樹洞那裡重見天日，不禁為生命自己找出路驚嘆。

不過最讓我印象深刻的還是某段在樹上的經驗，雖然已忘記是哪一次，但我記得那是一棵至少有二十五公尺高的木荷樹。總之大概就是我擔當架繩工作，而威廷負責攀樹上去拍照記錄附生植物；經過一番丟豆袋的折騰後，我們都到了樹上，時間大概過了中午，而鳳凰山午後總會被山嵐包覆，對我們來說就是處在雲霧之中。

孟宗竹自中空的樹身長出。

那天就是這樣，這棵木荷也算是這林中的高個兒了，我在樹上往下只見濃霧覆蓋地面的場景，除了有點涼意外，倒覺得自在得很，若是在平地攀樹，肯定沒有這種像在仙境一般的氣氛。就在我開心享受（而威廷正忙著記錄）的時候，不經意往下一瞥（由於這木荷確實相當高，所以下方盡是其他樹的樹冠），剛好從正上方俯視其中某棵樹的樹冠全貌，那棵樹的葉片錯落有致地排列著，加上那不知怎麼形容的綠，不知怎地，我腦中突然有一種超直覺的聯想，浮現出「雲葉」這名字（昆欄樹的別名），便轉頭向威廷確認答案，「下面那棵是昆欄樹嗎？」威廷回答：「對喔，是昆欄。」我不知道以前將昆欄樹取名為雲葉的人是否曾看過它的樹冠，但我確確實實從上往下看到在霧靄中浮出的「雲葉」，而那是在我腦海中一直忘不了的一幕。

整日爬上、爬下的採集任務

在溪頭除了放樣跟協助記錄外，還有「採集」這項工作，幸好我們所被賦予的採集種類並不複雜，只有一、二種，通常是鳥巢蕨（山蘇）或者崖薑蕨——當然是負責採集樹上的。山蘇我想大家比較熟，因為許多山產店都會有這麼一道菜，但我們可不是要採嫩葉部分來煮（如果是就好了），這個採集計畫目的大概是「研究溪頭整個林區內幾個選定樣區中，樹上的鳥巢蕨基因之類的異同比較」，所以我們必須將選定樣區內的鳥巢蕨整個採下來，沒錯，就是「整個」，包含它的基底及所有陳年累積的腐植質，最後要送去灰化後分析成分……詳細內容當然交給威廷處理就好，我們只要負責把鳥巢蕨採下來，那時我想這對攀樹師應該不是太難的事，但第一天開始採集沒多久，「輕鬆的工作輪不到我」這句話再次得到印證……不過哪有什麼工作是不辛苦的呢？說實話，採集工作其實也充滿趣味跟挑戰。

整個採集工作都是由裕昌、荏涵和我三人共同執行，大概斷斷續續去了有五天，由於威廷事先用紅色塑膠繩把十公尺見方（一百平方公尺）的樣區圍好，我們只需把這些樣區內所有樹上的鳥巢蕨或崖薑蕨採下來並包好，然後送到竹山的臺大實驗林本部，基本上就完成了。在第一階段那幾天，我們主要是採山蘇，實際操作後才知道不只要攀樹上去採山蘇而已，採集前還必須先記錄植株的生長位置高度、生長方位、植株高、葉片幅、

樹上採集作業中。

腐植質厚度、葉片數、遮蔽率，以及植株是生長在樹的主幹還是側枝，如果是側枝，還要測量離主幹多遠，最後才將它採下來，運送到地面標記後打包。

住在二十米以上的巨無霸山蘇

我們好不容易克服萬難（因人工林中樹的間距小，所以投擲角度被限制住，也嘗試過大彈弓，但最後還是決定由人力投擲較有效率），終於將攀樹繩架到平均二十公尺以上高度的柳杉或臺灣杉。到了樹上後，不禁讚嘆樹上有許多的附生鳥巢蕨，但同時又想到這些無盡繁瑣的記錄，那真是複雜的心情……不過只要在樹上，我們總能自己找到樂子就是了。

工作分配大致是我跟裕昌上樹，荏涵在下面做記錄，這時真慶幸科技的進步，有無線通訊設備可以讓我們在樹上與地面進行無差別通話。在樹上除了可以看到這些蕨類求生存的技能（如何讓自己可以接住更多落葉跟腐植質），甚至看到那些巨無霸山蘇，那誇張厚實的腐質層，根本就是自己

運送採集的蕨類到地面。

製造了一個花盆在樹上！

第一天我們採集到一株巨無霸山蘇，植株總共有五十六片葉片，實在難以想像在頭上接近二十公尺的高度，竟有這樣一個龐然大物，而且要讓它離開著生的樹，真的不只要費一番功夫，簡直可以用「折騰」來形容了。沒想到緊接著的第二天，我們在隔壁樣區採下另一株更誇張的山蘇，葉片數高達七十七片，植株葉片幅（最左到最右）竟然有二公尺！前一天的山蘇已被遠遠拋在腦後。在將植株運送下樹的過程中，依照我拉繩秤重的猜測，整株包含腐質層至少也有十五公斤以上，你說怎能不讚嘆大自然的奧妙，而且這還只是在溪頭的人造柳杉林中。

採集過程，也精進攀樹技術

另一階段的採集大致也跟上述沒有太大差別，就是換個區域，拉到溪頭的另一側，這次的樣區中有臺灣杉跟日本柳杉，高度是有過之而無不及，另外就是不只有鳥巢蕨，還加上崖薑蕨，但有了之前的經驗，我們已算是很有效

直徑兩公尺的巨無霸鳥巢蕨。

採集巨大的崖薑蕨。

率在採集了。針對克服在林中不易投擲豆袋的狀況，我們改進了方式，在辛苦架好攀樹繩並完成某棵樹上的採集後，在約二十公尺的高度，直接將豆袋與投擲繩丟到預計的下一棵樹上，這樣不僅能解決在地面上仰角太高、視野不好等條件，還可以直接從原本的樹橫渡到下一棵樹，完全就在樹上進行轉換；當然若有些樹離得很近，就不需要做這種複雜的技術轉換，通常只要用力地從原來的樹幹一蹬，直接往下一棵樹跳去（當然身上還是有攀樹繩跟安全裝備啦），大概跳個一、二公尺的距離就可以抓到下一棵樹。

不過一開始幾次，我內心對於直接跳其實很有障礙，因為在二十公尺左右的高度做跳躍，跟平常在十公尺高度做跳躍的心理壓力可說是完全不同，但當然多跳幾次後就會習慣了（說得真簡單）。其中最有趣的是，當我第一次跳的時候，好不容易抓到隔壁的樹幹，原以為就會停留在那棵樹上，接下來只要把攀樹系統放鬆，就可以安穩抵達，沒想到實際情況並非如此……由於我們很接近樹冠，樹的主幹也大概只剩下直徑十至二十公分粗，加上是又高又直的柳杉，因此有很大的彈性（大概就像竹子一樣有韌性地迎風搖擺），當我用力跳出去，盪了二公尺遠並用力抓住樹後，結果並不是停在對面的樹上，反而是把它拉回我原本待的樹上……當然最後我

樹枝上長滿三公分厚土馬鬃。

樹上的山蘇幼苗。

們還是順利移動到下一棵樹上，也因此得到新的經驗。

這個階段樣區中的樹，跟之前樣區的個性不大一樣，很容易能讓我從樹冠探出頭來，俯視整座森林的頂端，雖然現在空拍機已經很普遍，但我覺得站在樹冠上俯視是帝王般的享受，絕非空拍機所能比擬，如果恰巧有陣風吹來，還可以看到所有樹一層層地從遠方如波浪般搖曳過來，等風吹拂過來時，就跟著樹一起搖曳。在那個瞬間我沒有絲毫擔心或害怕，只覺得自己跟整座森林有一樣的頻率，那些採集崖薑蕨的辛苦（竟然比二公尺山蘇還大），或是看到樹枝上長滿三公分厚土馬鬃的驚奇，甚至遇見稀有的溪頭豆蘭，都沒有這段風與森林的饗宴更令我回味，這肯定是森林給我的溫柔吧！還來嗎？你來嗎？

DIARY .7

不論是採集或放樣，這些工作都比我一開始預設的還要辛苦，但我很慶幸自己有來，由衷感謝威廷給我很多這樣的機會。我了解不是只有攀樹上去採集或放樣等工作才辛苦，只要是野外調查，必定都是非常艱苦，甚至有些研究一去就要在山裡待上個幾天、幾週甚至幾個月，真的應該要好好感謝這些不畏艱苦的研究者才是。當然我覺得如果抱持著正面態度去做研究，大自然也不會虧待我們，並帶來平常所沒有的驚奇，就像在野調時，總是會在不預期的轉角遇到藍腹鷴一樣。

拜訪臺中小廟的千年茄苳公。

我在心中好好跟茄苳公說：

「我不會亂修剪祢，是要把那些長不好的去掉，

希望可以讓我來幫祢。」

受信眾尊崇的老茄苳

08

茄苳

樹木年齡	約1000年
樹木高度	21公尺
生長位置	臺中市茄苳腳
本次任務	樹木修剪

談到工作攀樹與修樹這件事，其實我在學習攀樹技術時，完全沒想過這條出路（或是說根本沒聯想起來）。那時我只是對「攀樹」很有興趣，覺得相當好玩，非常符合自己喜歡新奇、冒險又接觸大自然的個性，沒想到竟會一頭栽進來，成為一位「攀樹師」，並以此為業。如果要我談剛開始學習攀樹那錯縱複雜的過程，可能得再出一本書（但我覺得攀樹比較簡單，寫書難多了）。

初接觸樹木修剪

說到攀樹進入我生命的過程，就不得不提到我的香港老師歐永森（Sammy Au，以下稱Sammy老師）。那時我前一份職業的工作內容做了比例調整，從戶外居多變成室內居多，因此離戶外愈來愈遠，也愈來愈厭倦坐在辦公室裡，剛好因為一位「人妻朋友」的介紹，就這樣不小心接觸了攀樹。當初我只是單純想學攀樹，沒想到第一位就遇見Sammy老師，並從他那學習在樹上工作的攀樹技術（回想起來，這就好像本來只想接觸滑步車，結果不小心學會了越野單車的感覺）。

Sammy老師相當嚴格，那時我們有四位學生，算是第一批在臺灣完整學習ISA工作攀樹技術的人，在我們攀樹技術還不到老師要求的標準時，他其實不太談樹木修剪的部分，等到第一次真正教我修剪樹木，大概也是我學習攀樹一年後的事了。現在我成了一位教授攀樹技術的指導者，似乎也默默選擇老師當初的模式，因為攀樹修樹的風險比單純攀樹高上許多，如果攀樹技術不夠，風險就會更高，所以先精進攀樹技術確實很重要。

Sammy老師第一次教我正式的修剪，便是去服務一棵不得了的神木——臺中市的千年茄苳樹。一切故事始於台灣愛樹保育協會的曾樫銳會長，由於這棵千年茄苳樹需要進行修剪，但樹體過大加上吊車到不了，無法修剪到樹體內部，他因此而煩惱不已，後來有機會與Sammy老師接觸，便安排了這次的義務修剪。由於Sammy老師從香港過來的攀樹人手不足，希望有臺灣本地的「爬手」協助，於是來找我們這些徒子徒孫。就這樣，那次實際到樹上修剪的人，除了Sammy老師與另一位香港前輩外，還有曾樫銳會長，以及我和我大學社團學長杜裕昌，一共五位，可堪稱當時臺灣最大的攀樹修樹陣容。

說個題外話，這棵千年茄苳在這次修剪前，其實有著一段複雜的過程，由政府機關、建商與當地居民進行三方協調，等到攀樹修剪時已是該事件的尾聲[1]。

向茄苳公自我介紹

記得那天我跟裕昌扛著整包裝備，從桃園一同搭火車前往臺中，然後轉乘ＢＲＴ到茄苳腳站下車。環顧四周，根本沒看到什麼千年神木存在的跡象；然而就在過完馬路，穿過緊鄰臺灣大道的整排房子旁後，便看見一間小廟被不知大它幾倍的樹籠罩住，頓時我就意識到為何這裡稱作「茄苳腳」了。

等待曾會長及Sammy老師來到後，會長說我們要先去跟茄苳公拜拜。我本身對神鬼佛這方面倒沒有信與不信，但對「尊重生命跟自然」這事頗為崇敬，因此也不忌諱各種民俗儀式。會長向茄苳公說明我們的來意後，便開始擲筊徵得同意，忘記是擲了一次還幾次，結果自然是同意了，學長

注1 民國一〇二年有建商預定在千年茄苳樹旁興建一地上二十八層地下四層住宅，且預售一空，地方居民擔心影響老樹的生長，經地方、政府及建商三方溝通協調後，已換地另建，免除老樹受危害；之後更拆除鄰近老樹的社區活動中心，期能使老樹有更完善的棲地，是一相當成功的保護老樹的案例。

也擲了筊（我倒沒注意他擲了幾次）我心想大家都擲了，那我也該擲，沒想到我一擲出去，「叩叩」一次就中了聖筊。若說我擲筊前有做了什麼，大概就是在心中好好跟茄苳公說：「我不會亂修剪祢，是要把那些長不好的去掉，希望可以讓我來幫祢。」諸如此類的想法。

那是我第一次對有廟宇祭拜的樹擲筊，而之後到現在為止，也曾去修剪幾棵被稱為伯公樹的大樹，自然都要先擲筊。每次我都是認真好好向祂們介紹我是誰，說明自己的來意，然後擲筊徵求同意；到現在這樣的擲筊都是一次聖筊，得到同意（買樂透倒是都沒中……）也許有人會說這是運氣或機率，我理性上也同意，不過還是喜歡「我尊重祂，祂也會尊重我」這樣的想法。

修樹的精神是「尊重」

總之，上樹工作的前置作業在上完香後算是結束了，接著真正要開始實務工作。兩位老師討論完大致的修剪方向，並讓大家了解概略的模式後，基本上就是各自進行修剪。不過由於我和裕昌初出茅廬，雖然攀樹不是問題，但修樹就是另一件事了。每當遇到不好判斷或比較特殊的情況，我們還是需要去詢問跟確認一下。

例如有些直徑五公分以上粗的枝椏，不好決定是要去掉還是要留著，這時兩位老師會告訴我們該怎樣考慮，如果是向下生長或是上方已有更粗大的枝椏（比方說直徑二十公分），就可以考慮去掉。因為向下生長未來長不好的機率很高，應該趁早去除；而上方有更重要的枝椏時，以後可能會摩擦導致傷口，因此下方小枝也該先去除，以保護更重要的枝椏。

與樹木有最近距離接觸，每一次修剪都能做得很仔細。

兩位老師老總是告誡我們，因為我們懂攀樹，可以與樹木有最近距離的接觸，每一次修剪都能做得很仔細，不像吊車那種只能做大略修剪粗活的機具，所以要更加注意。直到現在我不知修過多少大樹跟老樹，最常遇到的狀況，就是每次都要跟業主說：「修少一點啦！修太多對樹不好。」但大部分業主總覺得修得多才算有「真正」修樹，當然我也承認，有時該修剪的部分還是不能省略。

或許是因為我喜歡拍照，以前爬山拍照，後來攀樹也拍照，我常覺得修樹跟拍照很像，都是「減法」。拍照著重減去多餘元素，在畫面中留下美好，修樹也一樣，而且剪完就回不去了。身為一位攀樹修樹工作者，正因為別人到不了，所以我們更要做好這件事，如果身為攀樹者卻不尊重樹木、不愛樹，我覺得這種人不該與樹為伍。

保存鄉里回憶的老樹

再說回千年茄苳的修剪。雖然我們一開始就制定好計畫，不去

樹藝的精神，在於如何看懂樹木要告訴你的事，並且知道該怎樣去協助它。

修剪過大的枝條，主要是以樹幹上的徒長枝為目標；但一天過後發現，被修剪下來的枝條實在出乎我意料地多，都可以鋪成幾個人高的樹堆了。不過相較之下，這也只是茄苳公整體葉量的百分之二不到。只能說看書本說明是一回事，自己在現場實際修剪跟感受才能更深了解，如果切斷更大的枝椏，那棵樹該會失去多少的葉子。在這段修剪的時間中，我也趁機往茄苳公的最高主幹攀去，意圖很明顯，就是想爬到茄苳公的最高點，好從制高點看看這樹。

然而當我來到中央主幹，卻發現其上有不少鐵絲、電線、鐵釘等文明的非自然產物，並且有明顯的歲月痕跡。我很納悶，這樹已在這裡千年，而這些鐵釘、鐵絲就算因為樹木生長而幾乎整個嵌進去，估計也不過是十年不到的事。當時這棵樹必然已經很大，也肯定早有蓋廟，它如此與當地文化信仰相依，人們怎還只顧自己方便，隨意將這些東西放上去呢？鐵釘是拔不出來了，但露出來的鐵絲、電線可以剪的我就剪去，希望茄苳公之後不再為此所苦。雖然我參與到的只是護樹行動最後的修樹

部分，僅能略盡綿薄之力，但也希望這次的護樹行動能喚醒每個人重視老樹與文化的重要關係，讓大家的成長回憶中能有棵大樹長存。

工作二天後，我們當然是順利完成這棵千年茄苳的修剪，而這次的工作，也讓我對攀樹與修剪樹木這件事有很重要的經驗，甚至完全顛覆我對修樹的印象。或許我就是在這時才真正意會到，Sammy老師當初所說樹藝的藝，是工藝的藝，也就是我們所謂匠人的技藝，而非只會炫技，那種藝術的藝。如何看懂樹木要告訴你的事，並且知道該怎樣去協助它，而非造成它更多負擔或傷害，這當然是攀樹工作者該做的事，但關心樹木肯定是大家共同的責任。

衷心希望茄苳公能持續不斷地「神威顯赫」。

修剪下來的枝葉。

修剪工作進行中。

衷心希望茄苳公能持續不斷地「神威顯赫」。

DIARY .8

茄苳公目前依舊健康好好座落在茄苳腳，而旁邊的第二代、第三代茄苳樹也都是幾百年的大樹了。我一直覺得，如果一座現代化城市中沒有大樹，那肯定稱不上是美麗的城市，而能擁有千年古樹的城市，該是多麼夢幻而美好呢？說著說著，好像該找時間再去看看這位長者了，祢好嗎？千年茄苳公。

遠山湖景相伴，
在懸崖邊的樹上過一夜。

金黃斜射的西陽，佐著微香樟樹的綠葉，

映著純淨藍天的湖景與蜿蜒卻不曲折的山巒。

懸崖邊的湖景雅樹

09 樟樹

樹木年齡	約100年
樹木高度	約12公尺
生長位置	角板山懸崖上
本次任務	拍美照，釋放拍照魂

我常對來上攀樹課的學生說：「臺灣真的是寶島，我們的樹有多美多好……」這真是無庸置疑的事實。雖然我們不太注意，但臺灣的自然資源根本可說是大地的恩賜，有太多例子可以佐證，如豐富的海洋資源、從零到將近四千公尺的地形變化、令人讚嘆的生物多樣性、密度之高的霧林帶神木群……這些我們幾乎觸手可及的自然資源，任選一項放到別的區域或國家，都會被當作珍寶般重視。不過就算生活在這樣的寶島，我們還是會去羨慕別人的，卻看不到自己所有的。

我本身也不免落入這樣的俗套，每每看到國外朋友分享網路上的參天巨樹、海景大樹、湖景雅樹、雪地名樹等攀樹美照，總是感到震撼又嫉妒。可能是為了證明臺灣也有許多能令人動容的美樹（但雪地名樹應該頗難），又或者是單純為了滿足我的拍照魂（這可能占比較多），所以開始了這沒有特別計畫，卻是我想去做的嘗試。至於到底要進行到何時，連我自己也沒個底，不過到如今似乎也逐漸累積出一點小成就。

攀樹師的拍照魂

這次我要講的是一棵湖景雅樹。年輕時（大概是大學時期）總聽長輩們說著到山裡的故事，經常會聽到類似什麼「見山是山，見山不是山，見山又是山。」這種讓我覺得饒舌的話，如今雖然已忘記當時聽到這句子的我在想什麼，但我猜應該八九不離十是「山就是山啊！什麼山不山，見不見的？」這種直白反應。然而現在的我竟也來到跟學生說「見樹是樹，見樹不是樹，見樹又是樹。」這階段，我想年紀不是絕對的關鍵，畢竟我還年輕（硬要說），應該是與每位登山者或攀樹人本身目的、人生經歷有更大的關係。

這棵樹所在的地方，在我還沒開始攀樹前早不知來過多少次，那是一個咖啡雅座，襯上遠山迭起，往下幾百公尺原本是蜿蜒的大漢溪，現在是石門水庫集水區，在豐水期是湖景，枯水期則是河景，真是多麼山明水秀的場景。以往我因為工作緣故經常來這裡，工作前在這開個會報，工作中來偷個閒，工作後來個檢討會，那時壓根兒沒放太多注意力在這棵樟樹上，就這樣過了好幾年。

湖景雅座與旁邊的樟樹。

學了攀樹後，有段時間我整個拍照魂大爆發，正巧網路上老是出現國外同好們分享湖景與大樹的照片，讓我嚮往得很，也想以攀樹為主題配上無敵美景與大樹。我就這樣開始搜尋腦海中過往的畫面，或許是大腦記憶體不夠，總遍尋不著理想場景，這件事就在我心裡留下一個沒被完成的疙瘩。

隨著本身閱歷增加，這幾年我經常有「突然感受到前人智慧」的經驗，正所謂心之所向，身之所往，在某個平淡無趣的日子結束後，超好睡的我很快就進入夢鄉。夢裡大部分過場現在全無記憶，但清楚記得這棵樹出現在場景裡，夢中的我也不是在攀樹，但好像就可以看到樹跟湖（石門水庫上游集水區）那完美的搭配。隔天我便將這事（樹）記了下來，安排在行事曆中。

尋找夢裡的山湖樹影

樹好像是有了，但也不知一切是否就是我想要的氛圍（畢竟是夢到的），由於以前不會攀樹，只是在樹下眺望，對樹上風景自然不可得知；

但可以肯定的是，那裡存在著這麼一棵大樹。某次我趁著工作之便再次來到這裡，挨著工作的空閒刻意到樹邊訪視一番，場景顯然與夢境無異（夢裡的場景其實也是以前來過的印象），不過重點是從樹上望出的景致，是否符合我理想中的藍圖呢？我趁著天光未盡，趕緊詢問在該處任職的朋友：「是否能讓我攀上樹去？」朋友自然是爽快答應我這奇怪的要求。

聽完朋友的安全叮嚀後，我很快整理好裝備，開始要進行今日攀樹賞景這最後的工作行程（大誤）。說起來這棵樟樹其實也不算太大，與距此約一百公尺的幾棵大樟樹相比，它其實是很一般的樟樹，而從這個區域估計來看，如果附近的老樟樹是一代木，這棵可能是二代或三代木；但特別的是，它正好就生長在一個陡坡上方，往下可說是類似懸崖的陡坡，坡度雖不到九十度，但我想應該也有七十度了。樟樹以下的植被是當地名產——桂竹林，因此往下的視角便被這些桂竹林遮住，反而沒有那種深淵的壓迫感。

這棵樟樹的生長環境頗為特殊，一側是往下幾百公尺的深壑，讓它有居高臨下的視野，另一側卻是人造四樓的建築物，使它生長空間被侷限。面對這種處境，植物其實比我們想的更聰明，它既然知道一側有建築物，肯

第一次的攀樹。

定長不過去，於是朝另一方向生長，往更寬廣的天空發展，成了一棵往西向偏去的大樹，而這一偏當然也導致攀爬的難度增加，讓攀樹繩架設麻煩許多。不過這倒不是問題，因為一探究竟的欲望總能讓我克服萬難。

爬到樹上後，我發現這棵樹的健康似乎不是太佳，上面枯斷殘枝甚多。根據地形等因素猜測，應該是因為長期在受風面生長，直接承受颱風等天候的影響，這一天的最後，我們還是幫它整理掉一些枯死或吊掛的枝條。此外，由於樹型不對稱，樹本身幾乎已沒有中央主幹，因此在樹上移動也頗為麻煩，不過既然都上樹了，問題總是能克服的。

當我來到幾乎是最外側（視野最好也離地面最遠的位置）時，那完美畫面充滿在我眼前，完全是心目中勾勒的理想景象，甚至更好——金黃斜射的西陽，佐著微香樟樹的綠葉，搭上典型的樹皮縱裂，映著純淨藍天的湖景與蜿蜒卻不曲折的山巒。喀嚓，我就這樣拍下值得一再回味的照片，將自己與這棵樹連結起來，而照片中唯一需要改進的，我想應該就是那個攀樹人了（笑）。

從屋頂俯視石門水庫的景致，是否符合我理想中的藍圖呢？

樹上一角往大漢溪俯視。

我要在這樹上過一夜

一回生二回熟，有了這樣的經驗後，我的想法整個被啟發了，並開始思考一個普通人覺得瘋狂，但攀樹人「夢寐以求」的計畫——「我要在這樹上過一夜」。很快這就不是夢寐，而是真真正正要做的事，時間沒有離上次太久，大約過了一個月，我就再度回到這裡。

其實這也不是第一次在樹上過夜了，我熟門熟路地準備需要的東西：睡袋、睡墊、頭燈、枕頭等，大概跟外出簡單露營差不多，最大的差異應該就是一個躺在大地，另一個躺在離地百來米高的空中。時值盛夏，白天日照長，不用擔心黑夜的追趕，我們在暑氣消散的傍晚做好一切準備，大致工作如下：一、架設好攀樹繩（廢話）；二、準備睡覺用的吊床[1]；三、將其他晚上需要的用品放置在吊床中。前置作業完成後，當然是先下來晚餐跟盥洗，等到晚上十點左右才開始往上攀爬，至於當晚上樹前還做了哪些閒事，我其實也記不大得了。

有人可能會好奇，晚上攀樹跟白天攀樹有什麼不同？我覺得很像是以

注1 Tree Boat，攀樹專用的樹上吊床。參照攀樹小百科18（p.322）

前登山時，在夜幕下趕路前往目的地的那段過程，大概是那段，你在人生中少數跟自己單獨對話的時間。行走時只看得到自己燈光照到的路面，背上承擔著沉重的行囊，僅聽見自己的呼吸與一步步邁進的腳步聲，偶爾抬頭望向滿天星斗，可以切切實實感覺到自己仍活著。當然了，前後可能有其他隊友跟你一樣，忙著感受他們自己的感受，無暇注意別人，加上周遭呼出的白色氣體，一切就又更真實了。

再回到夜宿樹上這件事，因為我們睡在樹上的位置不需要爬太高（約莫七至八公尺），加上前置作業都做好了，我們快速而熟練地進到各自的吊床中，開始整頓自己的行頭；當然除此之外，我還肩負攝影師的角色。說真的，睡在樹上的吊床中，其實比睡在「地面」帳棚來得舒適，絕不是一般人以為很刻苦之類的感覺。單就舒適度而言，吊床絕對完勝帳棚，唯一的障礙應該是睡在半空中，那種自己給自己的心理壓力；不過回顧自己首次睡樹上的經驗，睡不習慣是第一次的必然，倒是沒有擔心害怕的感覺。

第一次夜宿半空。

午夜翩然而臨的嬌客

完成夜間的拍照後（其實也沒拍幾張），接著正式進入「睡覺」這流程。不得不說的是，即使是在山上，這個夏夜仍是悶熱得很，來之前萬萬沒想到，令我無法入睡的最大原因竟然是「氣溫」。直到午夜前悶熱都持續著，熱到我不得不脫了上衣降溫（反正沒人看得到），最後總算在午夜時分沉沉睡去。

有趣的是，就在另一人已鼾然入睡，而我仍苦等周公青睞之際，翩然飛來了位嬌客（當然我是看不到牠在飛啦）。當時雖不是伸手不見五指的黑，但在這種微光中，我依然看不到牠本鳥究竟是誰；不過牠倒是清楚地用「說」的方式告訴我——高亢短促的「呼～呼～」聲，那真是清楚又明確地宣告牠就是「黃嘴角鴞」。從聲音方向跟清晰大聲的程度判斷，我想牠大概就在我右上方不到三公尺的地方，不曉得牠在樹上對我們有什麼想法？是覺得奇怪還是有趣呢？抑或是在盤算著我們能不能吃（笑）。

我試著拿起燈來找牠，而這一照便發現了，如此接近的距離著實令我驚喜。正如所料，我們大概就相隔三公尺，奇妙的是，牠被照到卻也不走，反而繼續嘗試著要告訴我什麼似地，「呼～呼～」嗯，看來我還沒學到鳥語，完全不能理解。但想想，畢竟是我來到人家的地盤，當然不好意思去趕主人。最後我便在這立體到不行的「呼～呼～」聲中睡去，而這是我至今在樹上最接近貓頭鷹的經驗。

被晨光照射的大地

隔天一早，我在離地百來公尺醒過來，所有思緒被一種不真實的感覺充滿——我居然在樹上、半空中睡了一覺！醒來後要做的第一件事既不是賴床也不是盥洗，而是轉身好好欣賞被晨光照射的大地，那滋味真是會令人上癮！等回過神後，我才想到該拿出相機來記錄個幾張，早晨美好的時光就這樣被我奢侈地消磨在樹上，直到生理上的需求（尿）接近理智控制的極限，才不甘不願地下來。

1

1 意外獲選奧地利知名品牌型錄封面的照片。

2 樹上的早晨。醒來後要做的第一件事，是好好欣賞被晨光照射的大地。

2

說到能讓我一去再去的樹，目前十根手指應該還數得出來，而這棵「懸崖上的樟樹」肯定在我的清單中。那次夜宿之後，我不知又去了幾次，還帶領朋友去朝聖了不少次，是我「想拍的攀樹照清單」中已完成的一項。而在二〇一六年初，臺灣經歷了少見的平地酷寒低溫，我也因此動了「冰雪奇緣」的念頭，畢竟在臺灣最難達成的，就數雪景搭配大樹或大景了。這平地一下雪，我立馬遊說另一位攀樹師裕昌，而他也攜家帶眷地陪我這位君子（自以為）一同去圓夢。

然而到了現場後，我們才知道因為海拔不夠（大概四百至五百公尺），所以並沒有雪。遠方山巒雖有白頭，但也不明顯，加上日曬也漸漸使雪融化，看來想拍雪景大樹是無望了；不過既然來了，豈有不爬的道理（硬是要爬）？

這天，兩位大叔在樹上玩得不亦樂乎，拍照也拍得相當勤快。

讓大家知道臺灣樹上的風景有多壯麗，

也許是我能做到的一件渺小的事。

顛倒世界。

雖沒達成原本的目標，但那天拍攝的照片卻意外獲得奧地利攀樹裝備知名廠商Teufelberger的青睞！這間公司的行銷經理透過朋友看到我分享的照片，後來與我取得聯繫，最後授權成為他們型錄上的封面（但本人沒露臉，只露了後腦勺）。我覺得這棵懸崖邊的樟樹真是帶給我許多樂趣，直到現在，每當我把在這樹上的照片給新朋友看時，沒有一位不讚嘆臺灣竟有這樣一個地方。讓大家知道臺灣樹上的風景有多壯麗，也許是我能做到的一件渺小的事，如果這樣渺小的事能讓大家更珍惜我們的福爾摩沙，那會是我繼續堅持下去的動力。

嗨，懸崖邊的樟樹，我有點想你了。

DIARY .9

究竟是我找樹？還是樹在呼喚我？對於文中提及夢見這棵樟樹的事，連我自己都覺得神奇，很可能是因為以往記憶的片段突然在那時被喚醒，大腦用做夢的方式幫助我想起來。畢竟那時我真的是處於「見樹不是樹」的階段，而後來倒沒再去仔細探究這問題，也忘記去問問「薩滿」朋友們的看法。到現在又過了三年多，也沒再夢見過什麼樹；但總之我跟樹終究湊在一起了，那些過程似乎也不那麼重要吧！

那些聳立臺灣平地、
丘陵、高山的巨樟樹。

我曾幾次在平地或淺山的環境裡，
邂逅這些曾經歷樟腦產業興盛時期的大樟樹，
它們支撐起臺灣經濟，之後被留存下來。

經歷樟腦產業
興盛時期的百年老樟

10

樟樹

樹木年齡	約200年
樹木高度	約20公尺
生長位置	臺灣各地
本次任務	調查、教學等

說到我在攀樹時最常攀到的樹種，統計下來大概不外乎是榕樹跟樟樹了。榕樹的樹型開張，枝條也強韌，雖然相當適合選來練習攀樹，但我總無法太喜歡榕樹。當然，這不是樹的錯，就只是個人的喜惡，可能是因為每次我攀爬榕樹不論如何小心，總還是會沾黏到榕樹汁液，一旦衣物被汁液沾黏，那可就很難去除了。因此我總是無法將榕樹列為喜愛的樹種。

經過樟腦王國歲月洗禮的老樹

樟樹跟榕樹一樣常見，除了樹型優美外，木材質地也相當堅固，加上還有一種特有的味道，許多蟲不喜歡它，所以在樟樹上可說是相當舒服。我曾幾次在平地或淺山的環境裡，邂逅（攀爬）過這些曾經歷樟腦產業興盛時期的大樟樹，它們支撐起臺灣經濟，之後被留存下來。這些令我讚嘆、勾起我攀爬欲望的大樟樹，似乎有個相似處——它們都處在同一個生長時間線上，不知是這段時期的樟樹湊巧都長得特別高大，或是那時製樟腦剛好將這類樹齡的樟樹保留下來，也可能正好這年紀（大小）的樟樹恰恰對上我的胃口而已。

總結幾次攀爬大樟樹的經驗下來，大概都有上面所說的特點，位於桃園大溪白石山、桃園復興角板山、苗栗卓蘭金葉山莊、臺中后里馬場、南投竹山淺山、南投仁愛高農等地的樟樹，從它們的大小判斷，樹齡大概都落在兩百年上下，當然依據生長環境不同，有些長得特別高（苗栗），有的特別粗（桃園角板山），也有樹型特別優美（后里馬場）；在經過臺灣那段樟腦王國歲月之後，現在還能保留這麼多令人心迷的大樹，不免讓我天真地想著，如果能穿越回那段樟腦時期，那可有多少嚇人（爬不完）的大樟樹呀！

一、大溪白石山・登山者與攀樹人的邂逅

桃園大溪白石山是我再熟悉不過的地方了，之前我擔任荒野保護協會解說志工時，這裡便是我們常進行解說活動的區域之一，加上曾經連續三年在白石山頂運用繩索技術，垂降到峭壁中間去復育有「東亞最美百合」之稱的艷紅鹿子百合（當時因為參與ＭＩＴ臺灣誌的拍攝，我還因此走了一遭金馬紅毯），因此對白石山周邊的林相還算了解。自從學會攀樹後，白石山路線地圖中所標誌的「樟樹群」便一直在我的攀爬計畫中。

某個平日一早，我驅車前往大溪，背負著沉重的攀樹裝備與簡易的午餐進入白石山，目標當然是地圖上的那個「大樟樹群」。當我揹著沉甸甸的裝備來到這棵在白石山邊的大樟樹旁時，不禁為之佇足了，在成為一位攀樹人後，當每看到想爬卻跟原定目標不同的大樹時，那真是一次又一次的天人交戰。這次到白石山也是如此，可能是它呼喚我停下，也許是我被它吸引，抑或只是我爬山累了，單純不想再走了（這個最有可能），那天我就在這棵樹上度過了大部分的時間。特別的是，這是少數我站在樹梢探出頭能比樹冠還高的樟樹。

艷紅鹿子百合。

位在三叉路的樟樹，吸引我停下腳步。

「向上爬」對攀樹人來說總是一種信仰，因此我先在樹上奮力往上攀爬，爬到樹梢時，竟發現有可能再往上一步。雖說這一步會讓我的繩索固定支點低於安全規範，但可以肯定攀上去將有更好的視野。結果出乎意料，這一步不僅讓我得到更好的視野，還整個人探出了樹冠；雖然樹的一側是白石山，視野只有另一側還不到一百八十度的範圍，但也足夠令人享受一番了。我一直站到腳痠，才下降到樹的中間，一下子跑到樹的南側，一下又到北側，這棵樟樹長得很有個性，雖然不是很高，卻有相當開展的枝椏，南北兩側至少延展十公尺以上的距離，我就像個玩耍的孩子在樹上恣意地移動，累了就找個舒服的分叉處靠著休息，餓了就拿出準備好的午餐填飽肚子……這無疑是美好的一天。

此外，在樹上的這段時間也發生了一件有趣的事。由於這棵大樟樹座落在白石山登山路線的某個環狀路線三叉點，一端是從慈湖過來的主步道，一端是沿著白石山下繞行的步道，還有一端則是從白石山下來接成的環狀路線，所以這棵樟樹正好位在這熱門登山路線的必經之路，也因此我才刻意選在平日造訪——雖然是平日，仍會有許多登山者來到。我一來不希望在攀樹過程中被打擾（當然我知道登山的朋友都很友善），二來也擔心有

樟樹樹冠望出去的景象。

我就像個玩耍的孩子在樹上恣意地移動。

人在樹上會嚇到他們，所以開始攀樹前，我便先將所有行囊整理好並綁在攀樹繩尾端，等到攀上樹後，就可以將帶來的全部物品都拉到樹上，連攀樹繩都收到樹上，不讓繩子垂在地面。也就是說，如果沒從樹下往上看，肯定看不出樹上有個怪人……就算是過了好幾年的現在，若有人在開放空間看到我在樹上，肯定還是會關心地問幾句。那時我雖然做好被人發現的準備，腦海中也想好該如何回答，不過還是不期待（也不希望）有人會經過樹下……。

當然現實總是事與願違，在接近中午前，慈湖端的步道傳來人聲，大約五位登山健行者漸漸靠近這棵大樟樹，那時我屏息在樹上待著，當所有人陸續到達後，竟不符合我期待地在這棵大樟樹下休息並享受午餐，我在樹上安靜得像處在宇宙中一般，只聽見他們在樹下的聊天聲、裝食物袋子打開的聲音、樹葉聲、蟲聲、鳥聲，就這樣過了約十來分鐘，他們繼續往白石山下的步道移動，我像個樹上偷窺者得意地不笑出聲音，然後繼續在樹上玩耍；又過了大概二個多小時，從白石山下來的步道端又傳來人聲，我下意識地又噤了聲，由於這端步道是陡下坡，因此大概在某個位置，下坡的人只要平視這棵樟樹，便會與樹上的我對到眼。這情況讓我緊張了，我

樟樹下的登山客。

石化般地固定自己，幾分鐘後，這些人聚集在這棵樹下，從他們的服裝我認出正是稍早在這休息的那群人。他們稍事休息後，又循著原來的慈湖端步道離去……我像是得到什麼寶藏般地竊笑，相當肯定沒人發現樹上的我，因為若是有人看到我，肯定會發出「樹上有人耶！」之類的話語，而我與登山客們便相安無事地度過了這天（還是說或許有人看到，但不敢確信呢？）

回想起來，這真是既有趣又奇妙的經驗，因為這樣我也更加確定一件事，每個目標不同的人，就算處在同樣的環境中，所見跟所得仍有所不同。登山者見山是山，見樹卻也不見樹；攀樹者見樹是樹，見山卻也不見山。人真是太有趣了！

二、桃園角板山‧百年老樟

桃園復興的角板山是我滿喜歡的攀樹地點，因為交通方便（不用扛裝備走一大段路）加上樹又高又大，而且現存的大樹幾乎都是樟樹（我猜跟當初這裡是樟腦重要的集散地有關），現存於角板山行館的「角板山收納詰所」，便是日治時期由臺灣總督府專賣局設立的角板山樟腦收納事務所，這也是當時全臺二十八個收納詰所中目前僅存的一個，由此可見角板山在生產樟腦上的重要地位。我想這裡以前肯定是滿山的樟樹森林，而現在角板山行館周邊有約莫十棵被列為受保護老樹的大樟樹，當然是那時倖存下來的。

對於受保護老樹，我雖然很想爬上去跟它親近一下，但為了避免不必要的爭端，還是乖乖在下面想像攀上去後的畫面就好……。幸好救國團復興青年活動中心內，同樣有數棵樟樹巨木，大小與樹齡跟行館那邊的老樹同等，由於在活動中心內而沒被列入受保護老樹，加上有相識多年的朋友們在此處服務，我因此有機會可以去親近它們。

被大花台圍起的200歲以上大樟樹。

與友人誠摯地打好交道後（正是「有關係就沒關係」的概念），我便開始進行在角板山的攀樹計畫，其中「角板山懸崖上的樟樹」就是第一個計畫。不同於那棵懸崖的樟樹，雖然活動中心周邊有好幾棵更大的樟樹，但最先吸引我目光的是正門口那棵具指標性的大樟樹，不過在我的觀點來看，這棵樹並不是那麼健康，畢竟它被一座巨大的圓形石砌花台圍住。據了解，之前曾經請專家學者來鑑定過這棵樟樹的年齡，大概是落在二百歲左右——正是生長在我所提的那段時間線上，雖然不像其他同齡樟樹那樣粗壯跟高大，不過在這侷限的生長環境下，已經是很了不起的大小了。

經過允許後，我開始準備攀樹，並在攀爬前照例環顧了整棵樹，樹的一端有因為病變而產生巨大樹瘤，樹瘤下有個樹洞，可以看出樹身中空的程度，其中當然也塞了不少垃圾（我想應該是那些因為好玩又不願意多走十步，將垃圾丟到垃圾桶的人所留下）。我選定喜歡的高度跟位置後便架設攀樹繩，在上升的過程中，整棵樹的模樣漸漸開始印在我的腦中，它會告訴我什麼故事呢？會是幾十年前它從心驚膽跳的採樟製腦中劫後餘生呢？還是更早以前它剛萌芽茁壯的時候？抑或是它正擔心著接下來的幾年？無論如何，我希望這天下午至少會是樹與人都愉快的時光。

1

2

我在樹上移動著，越過附生在樹上的槲蕨，盪到另一個充滿槲蕨的枝椏，可能是因為擔心這棵樹的健康問題，一開始我有點綁手綁腳，但過了一些時間，發現它似乎也沒我想像中那樣脆弱。我盡可能地去到這棵樹的各個角落，一來是想好好評估樹況，二來當然也練練攀樹技術，滿足一下自己，並在下樹前拍幾了張個人頗為滿意的照片。

回到地上後，我比較了這棵樟樹與周圍的其他樟樹，它的葉量的確少了許多，末梢也有不少的枯枝，明顯是因為根部環境的關係，大約五十公尺處有另一棵大小差不多的樟樹，狀況則更加糟糕——整個生長地面完全被馬路及停車場給封住。與此相比，生長在另一端大草皮上較為年輕的樟樹，則長得又高又壯，葉片量、大小及色澤完全令這兩棵老樟樹望塵莫及。雖然攀上這樣的老樟樹會讓人有很大的成就跟滿足感，但我更衷心期望這些有幾百年歷史的大樹，可不要在我們這時代結束了它們的生命。當然，如果你在角板山看到有人在攀樹，那很可能就是我喔！

1 角板山樹幹基部的大樹瘤。

2 角板山樹上附生的槲蕨。

DIARY .10

角板山是我每年都會去好幾次的地方，從開始攀樹後，到角板山自然是要多看幾眼這些老樹，至於攀不攀倒是其次，每年上去見見它們，看看今年葉量有沒有變多，有沒有健康，這對我來說似乎更為重要。至少到目前為止，它們仍努力綻放著生命。

三、后里馬場・樹型優美的Angel Tree

某天，一位跟我學過攀樹的朋友問我有沒有興趣和時間參與「每木調查」，這是當時他任職的公司承接一個類似樹木戶口調查的工作，地點是二〇一八年臺中花博的預定地，詳細位置是在后里馬場附近的一處軍營，由於該廢棄軍營將會劃入臺中花博的範圍，所以需要進行改造，而軍營中樹木眾多成林，在進行整地及建設前，必須完整調查營區裡特定大小以上的樹木，確認設計圖中是否有所遺漏，以免屆時因為施工誤被伐除等。

說實在的，在這種草比人高的荒廢軍營樹林裡，除了悶熱不舒服外，還有擋無可擋的吸血大軍——蚊子，所以說「每木調查」真是相當辛苦，而這幾天的經驗讓我對那些森林工作者更加敬佩了。此外我也再次感受到，有些軍事管制的廢棄營區，其實是大自然最好的復甦環境，少了人為的再次干擾，不只是樹長得好，草長得更茂盛，當然在植物回來後，生物也會慢慢回來。

在幾天的調查中，其中有一天我們去后里馬場走了一趟，那天剛好休園，整座馬場就只有幾個工作人員跟我們。開車繞了一圈後，我發現園區

后里馬場的angel tree。

裡巨大的樟樹還真不少，算下來大概有接近十棵我認為是大樹的樟樹，後來我們選了一棵我第一眼最被吸引的大樟樹，它附近有座日式紀念碑，碑文已無法辨認，但我想這紀念碑肯定有相當精采的故事。距離樟樹大概幾十公尺處有一座小馬場，從樟樹到馬場整個區域全被綠草布滿。後來回想，可能就是「碑、綠草、老樟樹」這幾個元素吸引了我吧！

這天有三人一起攀爬這棵大樹。從外觀看，這樟樹先是筆直往上，一直到約五公尺的高度才有第一根側枝，接著向上則是相當平均地左右開展——這可能是我遇過樹型最美麗的樟樹之一了。雖然樹上很明顯有一些風斷的大枝椏，但整體模樣還是相當完整，那時我直接聯想到國外一棵被稱為「Angel Oak」的樹，雖然如果單就外型來比較，有個以樟樹為主的「五福臨門」神木與那棵Angel Oak更為相似，但不知怎地，我覺得紀念碑旁的這棵樟樹更顯出一種Angel的氣質。我們三人在樹上各爬各的，攀樹時間其實也不是那麼充裕，但在樹上看著那些錯落有致的強健枝椏，每根枝條都如同往地平線無限延伸般地生長著，末端那些隨風搖曳的樹葉好像在對我招手。選好喜歡的枝條後，我遊走在這些枝椏上，或漫步或跳躍或站或坐，想到時拿起相機回頭幫另外兩位朋友拍拍照，自在又寫意。

我無法形容這天自己在樹上的心情，是快樂嗎？應該有，是驚喜嗎？應該也有，但似乎又有更多的東西摻雜著，可能是這天我的頻率跟這地方（或是這棵樹）同步了也說不定。我應該永遠無法理解樹是如何決定想要怎麼生長，是它基因中早有一份生長藍圖呢？或許它也是隨遇而安？抑或兩者都有？究竟是怎麼樣的方式，能讓這樣一棵樹長得如此美麗？我認為每個人應該都要花時間好好去欣賞一棵自己覺得美麗的樹，這樣肯定能從中獲得些什麼。這棵紀念碑旁的大樟樹至今仍是我心目中的Angel Tree，說起來似乎也該找時間去見見Angel了。

往外延伸的枝椏。

四、竹山・令人讚嘆的平地百年大樟

南投縣竹山鎮，其實是與我家鄉（雲林縣林內鄉）鄰近的鄉鎮，但因為隔著一條濁水溪，所以我大概是到了服兵役的時候，才真的比較熟悉竹山一帶。每次從澎湖回臺休假時，總有許多時間可以騎車到處晃悠（當然開始看樹是學攀樹之後的事了），雖然溪頭離我家比竹山遠，但我在溪頭攀樹的次數仍遠多於竹山；不過我也知道竹山有相當多的大型樟樹，像是入口處的鳥居寫著「竹山鎮公所」的竹山神社（竹山公園），可說整個周邊都被樟樹圍繞，而最大的一棵就在最深處的圍牆外，但它並不是我這次要講的樹，本次主角是竹山淺山的大樟樹，位於跟我學過攀樹的朋友林呈達（竹山高中童軍團長，大家都叫他阿達老師）家的後山。

有一回我、裕昌與荏涵到竹山高中，帶領竹山高中行義童軍們進行攀樹活動，活動結束後，阿達老師知道我對大樹毫無抵抗力，便問我們有沒有興趣到他家後山去看看，那裡有很大的樟樹，想當然爾，我肯定地一口答應！接著我們驅車前往，來到一個淺山丘陵地，是屬於阿達家的農地，離竹山鎮鬧區說遠也不遠，但在這樣開墾過的農地，我一開始實在難以

竹山大樟樹與人的比例。

想像究竟會有多大的樟樹？阿達帶著我們從停車處開始介紹環境，「那裡是童軍團會來搭帳蓬露營的地方」、「那邊是廁所」、「這一面是桂竹林，春天可以來採桂竹筍」……接著出現了幾棵樟樹，有大有小，但阿達似乎也知道這樣尺寸的樟樹不能滿足我的胃口，所以賣關子地說：「還有一棵最大的，但是離停車處還有一小段距離。」這句話根本就是在吊我胃口，「走呀！」我回應，然後我們沿著產業道路繞了幾個彎，最後在順著山坡的轉彎處上方，一棵參天大樟樹出現在眼前，或許是因為它長在半山坡上，我總覺得它特別高聳，「這棵就是這裡最大的樟樹了，但是等等我要回學校看那些行義喔，你們自己留下來好好玩。」阿達說，離去前還留下了他老婆自製的美味手工餅乾給我們（超好吃）。

阿達離去後，自然是我們攀樹時間的開始，裕昌量了量樹圍，我估測著樹高，雖不是特別高，倒也接近二十公尺，再加上生長於山坡，更增加了上樹後的高度感，樹圍則超過四公尺，無疑也是個龐然大物。我們環繞樹一圈，好好地審視了一番，由於有一側是山坡，因此這棵樹有一往外延伸的巨大枝條，保守估計離樹幹中心也有十公尺之遠，在離地面約六公尺的高度則有四根巨大的分枝，各自往上、往外延伸，而分叉處也密集生長著幾叢附生植物。後來我攀到此處才發現有個相當大的樹洞，根據樹洞傷口周邊的癒合狀態跟我的觀察與猜測，可能是很久以前這棵樹最中央有一直立的主幹，但不知什麼原因斷落，留下這樣的傷口，但周邊的次主幹後來幾乎取代了原本的主幹，成為現在我們看到的四根獨立主幹。

這天我們輪流在樹上進行模擬攀樹比賽某些項目的練習，設定好應該到達的幾個點後，便各自計劃自己的路線。我是那天最後到樹上的人，還記得攀到接近制高點的時候，發現這棵樹正好可以遠望竹山鎮的鬧區，接下來的攀樹練習也忘記爬得如何了，只記得這壯麗的景象，我想著如果哪天在這樹上夜宿，遠方是一片文明夜景，而我則躺在散去一切繁華的吊床上，不知會有怎樣的衝突感，不過真要實現這夢想，還得找幾個跟我一樣癡迷攀樹的人作伴才是。

最後我們趕在夕陽西下前，結束了這棵竹山淺山大樟樹的攀爬。在收拾裝備時我才想到，一開始阿達帶我們去看的那幾棵不太吸引我（但其實也不小棵）的樟樹，很可能是這棵大樟樹的後代，也就是說它應該是這一帶的樟樹母樹，這些綿延的山坡從前可能有許多這樣的母樹，後來由於農業

樟樹身上的大樹洞。

需求，被開墾成一階階的農地，那時說不定一併被伐除了，所幸至少這棵樹現在正健康地生存著。至於我會不會回到這棵樹上睡個一夜？就看樹會不會來邀請我了。

從樹上望向竹山市區。

DIARY .10

我第一次造訪這棵大樹是在二〇一七年四月，就在這篇文章寫完才隔二週左右，二〇一八年七月十七日，阿達傳來了令人震驚的消息：這棵美麗的大樟樹，在七月十六日被盜伐了，而它周遭的幾棵大樟樹也同遭毒手。這真是令我久久無法言語，我想阿達肯定悲傷得無法自已，而我們的攀樹社團更是一片哀淒。

我完全想不到這樣血淋淋的殘酷行為，竟會發生在我攀爬過的大樹身上！以往每每看到山老鼠盜伐紅檜、扁柏等珍貴一級木，總覺得那是離我很遙遠的世界，應該是那些找我學過攀樹的護管員們才會遇到，但現在卻清清楚楚地發生在我周遭……少數人類的貪婪，讓這樣一棵存於世上幾百年的大樹，就在一夕之間消逝殆盡。祈願能有更多人關心這些美麗臺灣的珍寶，畢竟我們若不去保護這些大樹，那大地如何能來保護我們呢？「人不偉大，樹偉大多了！」我真的如此覺得。

「至於我會不會回到這棵樹上睡個一夜？就看樹會不會來邀請我了。」現在看來是不會了，只是沒想到答案這是這樣來的。

1 失去大樹的天空。 **2** 大樟樹被支解的現場。

五、其他大樟樹

當然，臺灣肯定還存在更多這樣的巨大樟樹，甚至是數也數不完，我自己攀過的大樟樹當然不只前面那幾棵，例如在林口台地上較遠離城市發展的區域，仍存在著不少茶園與農地，這些「偏僻」地方自然保存著不少大樟樹。

苗栗縣卓蘭鎮私人經營的「金葉山莊」，某次因為許月萍老師（一位來跟我學攀樹的社工朋友，果子有光社工師事務所創辦人）在此處為高關懷學生安排了攀樹活動，我才有機會進入，這裡同樣有著高大粗壯的樟樹群，完全不亞於角板山或后里馬場的樟樹群，我在好奇心的驅使下請月萍詢問山莊老闆，老闆的說法是，從很久以前這裡要蓋山莊時，就是這樣一片樟樹林，現在這些大樟樹是刻意保留下來的。無怪乎這裡的樟樹大都是先筆直生長到一定高度後，才開始有側枝出現。

另外，在南投霧社某高級農業學校裡有棵大樟樹，是我至今攀爬過的樟樹中，擁有最濃郁樟樹精油味道的一棵。

從樟樹上望向萬大水庫。

那次也同樣是月萍為高關懷學生安排的攀樹活動，連著兩天要攀樹，第一天要爬的樟樹雖然不高，但是枝椏相當展開，我們將車停在它附近，一走到樹旁，那種樟樹獨有的味道立即強烈地撲鼻而來，味道重到讓我以為這棵樹可能剛被修剪或鋸過，才會散發出這樣濃厚的精油味道，但環顧一圈後，並沒有發現任何最近修剪的痕跡，而且整棵樹都有這樣的味道，我才認定是它自然散發出來的，那是我在平地時進行樟樹的修剪（而且還要是夠大的老樹）才能聞到的味道，即使刻意搓揉樟樹葉片，也不會有這麼沉的味道，如果平地樟樹是清香，那學校這棵樟樹可說是濃而不膩了，我猜測有可能是因為海拔高、溫差較大的關係，才會有這樣的狀況吧！隔天攀爬的另一棵樟樹雖然更大，也同樣有著濃厚的味道，但似乎還是第一天那棵樟樹味道更為強烈。

某天我回顧過去攀過的樹時，偶然發現這些巨大的樟樹，在臺灣各處平地、丘陵、高山都存在著，放在一起比較後，才發現自己所鍾情的大樟樹，大概都落在同一個年齡層，也就是二百歲左右，粗細大小也差不多，更大的樟樹當然也有，但數量相當少，比這些大樟樹小一級（一百至二百歲）的似乎也不是很多，但是小兩級以上的樟樹（一百歲以下）數量就相當多。

將自己淺薄的想法與臺灣的發展歷史拼拼湊湊後，我想很可能這些就是當初樟腦時期刻意留下來的樟樹母樹，當然這些都屬個人猜測，若是認真去翻找文獻，也許就能得到答案。但不論如何，這些大樟樹可不只令我鍾情，同時更見證與代表了臺灣那段重要的歷史呢！如果有機會攀上這樣的大樟樹，除了緬懷那段樟腦歷史外，更要好好珍惜這些臺灣的珍寶呀！

DIARY .12

在那次高級農業學校的攀樹活動結束後沒幾週，月萍突然發了個訊息給我，告訴我那棵擁有濃郁香味的樟樹，因學校安排的修剪被大肆修整，幾根相當大的枝條硬生生被鋸掉，而這消息還是參與攀樹活動的學生告訴她的，這些學生還因此去詢問學校為何這樣修樹，學校的回覆是「會影響停車」。我對於大樹被不當修剪自然是心痛與惋惜，但知道這消息是來自那些本來並不關注學校裡樹木的學生，他們的主動告知讓我感覺到，似乎真有一些我想讓學生感受的東西正在萌芽，而這些大人眼中的「高關懷學生」，就連他們都能說出「會影響停車根本是學校的『官方』回答。」，我想我們大人真的應該要好好檢討才是。

散發濃厚樟樹味的樟樹。圖中整根枝條後來被修剪掉。

SPECIAL
體驗
竹子也能爬？
挑戰竹界的巨無霸

沒想到我居然能待在竹子接近末梢處
感受這風並「隨風搖曳」；
也幸好只是微風輕撫，若是狂風大作，
恐怕會有人生跑馬燈出現在我眼前。

寬達三十公分的巨竹

龍竹

11

樹木年齡	不詳
樹木高度	約25公尺
生長位置	雲林巨竹林
本次任務	挑戰不同的攀爬經驗

自從獲得攀樹這項「技能」後，到處爬高高可以算是我的生活日常，而最常被問到的問題中，有一類頗為相似，諸如「什麼樹可以爬？」「椰子樹可以爬嗎？」但幾乎沒人問過我「竹子可以爬嗎？」我想也許是因為大家不會直接將「樹」跟「竹」聯想在一起，畢竟外觀看起來就有很大的差別。至於我為何會產生爬竹子的動機？說來可能也只是被攀高與攀奇的欲望所驅使，況且樹冠的景象我已經看過很多，不免好奇「竹冠」又是怎樣的一番景象呢？當然也曾想像自己能像李慕白一樣，在竹林裡施展輕功飛躍，那可是我這世代多少人的夢想呢！

攀竹前的內心小劇場

我對竹子的韌性與強壯早有了解，記得在大學參加羅浮童軍社團期間，就有利用竹子搭建斥堠工程上瞭望台的經驗，但要攀爬一根活生生的竹子直到靠近末梢，那可就不同了。某次我在雲林家鄉騎車閒晃時，順著以前不知道走過幾次的路線，不經意「又」經過一處著名的景點——巨竹林；這次跟以往只是匆匆一瞥的經過不同，「好像可以爬爬看」的想法就這樣萌生出來。還記得老爸第一次帶我來看這「欉」路邊山坡下的巨竹林時，那可真是令人震撼的尺寸，完全無法想像世上竟有這樣大的竹子；後來每次經過大都是從上面往下望望，偶爾有朋友來訪，才會帶他們來參觀這無比巨大的竹子。

這次將攀爬計畫付諸行動前，我內心的小劇場不知跑過幾次狀況劇，像是：「我是要用雙繩的攀樹系統[1]呢？還是單繩的攀樹系統[2]呢？」「繩子的支點要怎麼固定呢？」「會不會滑下來？」「如果滑下來該怎麼辦？」「安全短繩[3]怎麼安裝？」「爬到末梢時會不會因過重讓竹子彎曲得太嚴重？」「竹子不會裂開吧……」等到真的要開始攀爬竹子時，我覺得自己整個腦袋放空，什麼比較先進的器材啦，攀爬技術啦，統統都沒用到，只想著要爬上去。我選擇了最熟悉的雙繩技術技術，加上幾條扁帶繩環[4]，以及我攀樹好朋友——安全短繩，我想最熟悉的器材肯定就是最好的器材了。

注1 雙繩的攀樹系統被歸類為Moving Rope System，簡稱為MRS。為類似動滑輪的系統，因此屬於較為省力的攀樹模式。參照攀樹小百科24（p.332）

注2 單繩的攀樹系統被歸類為Stationary Rope System，簡稱SRS。單繩系統則沒有省力的效果，但上升或下降的效率相對雙繩系統則較高。

注3 安全短繩，英文lanyard，安全短繩是除了攀樹繩以外的第二道確保。參照攀樹小百科16（p.319）

注4 扁帶繩環，英文Sling，類似窄版的安全帶紡織品，有時用來做為繩索的取代品。參照攀樹小百科17（p.321）

巨大的竹子與人身比例。

汗涔涔，體力與耐力大考驗

攀竹這天是清明假期，天氣悶熱得很（這些年清明時節雨紛紛根本該改成汗涔涔），準備好裝備後，我站在馬路上望向下方那欉竹子，其實高低落差也才不到十公尺，下方的巨竹與我身邊的普通竹子看起來差不多大，不過愈接近巨竹，才愈感受到它的巨大。當我走到巨竹旁，那竹圍（還是該叫樹圍？）看起來似乎跟我的腰一樣粗，於是索性讓它穿穿看我的攀樹座帶，結果還真的完全貼合，「這麼粗的竹子，肯定沒問題了吧！」我在心裡這樣說服著自己。

一切就緒後我便開始攀爬，一邊摸索著如何往上，一邊嘗試有沒有效率更好或爬起來更輕鬆的方式，也思考過是否該採用攀爬棕櫚科（椰子樹）的方法（單繩技術或穿馬刺[5]）。若要用單繩技術，就要架設上方固定點，不過竹子並沒有可以架設固定點的地方；而穿馬刺的話會對攀爬物本身造成永久性傷害，所以我平常攀爬棕櫚科也不會想穿，何況現在要攀爬的是中空的竹子，搞不好用馬刺一踩就裂開了，所以這更不在我的選項裡。因此最後的選擇就是上面提到的，以雙繩技術一步一步地往上轉換支點來上升。

注5　馬刺，英文Spurs，一種穿戴在腳上的攀樹工具，腳底位置有一突出的尖刺。參照攀樹小百科17（p.320）

竹圍幾乎跟我的腰一樣粗。

平常在攀樹時，轉換支點並不是什麼難事，現在是一根筆直又很粗的竹子，嚴格來說沒有任何分叉處能讓我將攀樹繩掛上去，當然我之前就計畫好該如何進行，所以先準備好繩索模式的「大小圈」[6]，這樣就可以用大小圈先將竹子繞兩圈後固定上去，成為一個上方固定點。不過這樣做在每次上升時，都需要將大小圈往上重新裝設，因此每往上攀爬一次，轉換支點都會耗費不少的時間；雖然難度不是太高，但完全是考驗體力與耐力的競賽，加上這天十分悶熱，沒爬多久我就幾乎滿身是汗。

如何將攀樹繩掛上筆直的竹子，是這回要解決的問題。

注6　一種樹皮保護器，一般是帶狀，這裡準備繩索製的。

可怕的時刻

俗話說熟能生巧，當我抓到節奏後，一切似乎慢慢順利起來，但不免俗套地，這世界並沒有你想像那麼友善，難題很快就出現。一開始我選擇的那「根」竹子，是在最外側的其中一根，由於現場那欉竹子十分團結，密密麻麻地占據了所有空間，一開始不太可能直接就鑽到竹欉中往上攀爬，因此自然會選最外側容易攀爬的一根。當我大約攀到五至六公尺的高度時，它開始往外傾斜出去，這並不是因為我的重量才傾斜，而是一開始從下面看就知道它是長斜的，但是愈到上面，愈能感受到它的斜度，我心想，「再往上爬，我會離主群體的竹子愈來愈遠。」更讓我擔憂的是，萬一這根竹子撐不住我的體重，更加傾斜甚至斷裂，周邊也沒有其他的竹子可以攀附，那就糟透了……因此我開始橫向轉換自己的支點——在「竹林」中呈現「大」字型姿勢往左側移動，大概換了三根竹子後，差不多來到剛好被竹子圍繞的位置，這下便不用擔心了。

一般來說，在攀樹過程不管是往上轉換支點或橫向轉換，在拆除上方支點時，還是需要有一個固定自己的系統，我們通常都是使用隨身的安全短

運用兩個系統固定自己，做好安全防護。

繩來做這件事，但由於我實在沒有攀爬竹子的經驗，因此不只在轉換支點時將安全短繩架上，而是幾乎隨時用兩個系統固定自己，若其中一個系統失效，至少還會有另一個能讓我懸掛在空中，不會直接墜到地面。此外，這次我還多帶了一組備用的安全短繩，也就是說，在某些讓我擔心害怕的時刻，保護我的系統其實有三道，而且說真的，這些可怕的時刻還真不少⋯⋯。

來到竹林之上

我如同毛毛蟲般扭動身軀，一踩一蹲、一踩一蹲地，最後來到能看到竹子末梢的位置，掂了掂距離，我大概離末梢還有六公尺，但似乎沒有繼續往上的慾望了，除了因為面前的竹子已從我的腰粗變成我手臂粗外，我判斷再往上應該也沒有更好的展望，因此就在這當作今天的終點；但當然不會立刻下降回到地面，畢竟好不容易攀了二個小時才到，理應好好地多待一會。想了想，距上次攀樹攀到頭上的汗多得能流進眼睛，還真不知是多久以前的事了。

雖然「臥虎藏龍」中在竹林飛梭的景象並未出現，全身疲累且狼狽的模樣卻讓我的滿足感油然而生。我拿著相機拍了不少自拍照，也往上往下拍了一些竹林的模樣（事後看照片，還真看不出與一般竹子有什麼不同……）我發現這欉巨竹林範圍還真不是普通大，至少也有二十公尺見方（四百平方公尺）。這段時間偶有微風吹拂竹林，沒想到我居然能待在竹子接近末梢處感受這風並「隨風搖曳」；也幸好只是微風輕撫，若是狂風大作，恐怕會有人生跑馬燈出現在我眼前。也不知待了多久，一直到再不下去就要摸黑收裝備的時刻，我才準備下「竹」。

上竹雖難，下竹卻完全不費力氣，可能最貼切的形容就是一〇一大樓登高賽，抵達終點後可以乘坐電梯回一樓的概念，當然這時還是會有擔心的事，就是回到地面後，不知道能否順利回收我留在最高支點（約二十公尺高）的大小圈及攀樹繩，萬一裝備卡住，就只能重新再攀上去一次（那可是兩小時的時間……）所以在下降前我先實際操作了幾次拆除，確認一切都沒問題後才開始下降。下降相當順利，終於讓我有點武林高手穿梭竹林的感覺了，不過隨著天色漸晚跟高度的降低，蚊子也開始出沒，不宜多作逗留。

我手忙腳亂地回到地面，小心翼翼地執行回收步驟，叩叩叩，金屬製的大小圈邊敲擊著竹子邊落下來，一切都照計畫走，我順利地收拾好裝備，算是完成了攀竹計畫。從我開始往上攀到回地面，整個過程約莫三個多小時，這中間來來往往的登山健行者也不只幾十位，但依據我在上面的觀察，應該沒有人發現有個不是猴子的生物在這巨竹林上，我想這也算是個小小的成就吧！下次還來嗎？我也不確定，但可以肯定的是，之後應該會選個秋高氣爽的季節。

DIARY .11

我爸在家裡的田地其實種有一欉這樣的巨竹，它的正式名稱是「龍竹」，根據查到的資料得知，這種巨竹大概可以長到二十五至三十五公尺高，直徑可達三十公分，我爬的這幾根巨竹大致上都符合這些條件。至於我爸種巨竹的原因，當然就是為了滿足我們的口腹之慾，其實巨竹筍的口感出乎意料地嫩，但口味就見仁見智了……推薦你有機會也可以去找來嘗嘗看。當然，若你在對的季節來我雲林家攀樹，我爸會招待你。

竹林上的風景。沒想到我居然能待在
竹子接近末梢處感受這風並「隨風搖曳」。

教學
COURSE
人人都能攀上樹，
體驗不同的高度。

一開始我只是想藉由帶領攀樹活動，
達到環境教育、愛樹愛地球的目的，
從沒預想到可以爲人帶來生命改變。

攀樹體驗 12

攀樹，除了修剪樹木、協助學術研究以外，更能成為一種休閒活動，使人從中獲得成就感、身心放鬆，甚至啟發人更多的興趣，關注生活周遭的樹木。

「從樹上看出去真的不一樣耶！」「沒想到我真的爬得上去。」「樹真的好強壯喔！」上面這些話，大概是人們第一次攀樹最常說出來的正向感受了。隨著現代人愈來愈重視生活品質，休閒活動早已成為重要的一部分，不過「攀樹」與其他戶外活動相比，仍是少數人認識的項目，而這也是我想推廣攀樹的目的。

攀樹活動

攀樹肯定可以當作一項專門的技術（攀樹修樹），也可以是協助學術研究的專業（樹冠層調查等），更能成為一種休閒活動。至於我，則更像是將「攀樹」設定為一種工具，而帶人進行攀樹活動，就是我工作內容中的一部分。

透過攀樹，不只能讓來參與的人得到休閒的效果，還可以從中獲得成就感，甚至進一步引起他們更多的興趣。不過我最期待的，其實是希望學生或客人在經過攀樹後能得到一些領悟（也許是被樹上風景的感動，可能是攀上樹的成就，抑或是感受到身心的放鬆等），並開始去注意生活周遭的樹。或許這只會在攀完樹後持續一段時間，但這期間多少能讓人去注意自己生活的環境，發現那些原本就存在周遭的樹，並思考它們能不能或適不適合攀爬。多數人在參加「攀樹」活動前，可能只會在公園的大樹下乘涼、滑手機，但現在會站在樹下，評估及描繪自己攀上樹的情景，或許還會跟朋友說：「我上次爬到比這還高的樹上！」就這樣，無形中開始會看樹、關心樹，並在意住家附近的樹被如何對待或修剪。

當愈來愈多人因為攀樹活動，漸漸開始重視自己居住環境的樹，讓樹變得更好之後，我們的環境肯定也會更好，這就是我腦海中構想的完美藍圖。喜歡攀樹的人沒道理會不喜歡自然環境，而我所做的只是引起大家的動機；畢竟一個人從小如果沒有跟樹一起的共同經驗，又如何能要求他長大後去愛樹與重視樹呢？有鑑於此，首先當然要讓人開心感受攀樹這件事的樂趣。

首先我要說，關於帶人攀樹這件事，其實一點也不好玩。很多人聽完我的工作後，常會對我說：「你的工作真好，都在玩！」聽到這樣的回答，以前的我一開始會先在內心偷翻白眼，然後再好好地跟對方解釋；但現在早已幾近麻痺，乾脆直接又簡單地回答：「對啊！很好玩！」

實際上在進行戶外活動時，我相信每位帶領者肯定都背負著相當的壓力，尤其是只能在天然環境中進行的那些項目。攀樹也是如此，我必須對這些參與攀樹活動者負上全責。雖然我常在攀樹結束後開玩笑地問大家：「有沒有人受傷呢？攀不上去的心理創傷不算喔！」不過當我能對大家說出這句話時，就表示當天已經安全度過了。

整個攀樹過程中，其實包含很多一般人不會注意到的風險管理部分，例如裝備跟器材的安全要求、樹木的健康評估、意外狀況的預測等。因此對我來說，帶人攀樹真的一點也不好玩。雖然活動結束後可能收到參與者令人開心的攀樹回饋，不過相比之下，肯定是自己去攀大樹來得更開心。

當然，帶人攀樹是個教學相長的過程，帶領者跟被帶領者彼此都在學習與成長，所以我也滿樂在其中的。帶領過許多的攀樹活動，我曾經有過一些特別的經驗，像是帶一群小學生在樹上過夜；看資源班學生開心地攀上

樹；見證一群高關懷學生從原本的參與度零，到攀上樹後開始積極面對人生……。

幼稚園畢業攀樹活動。

小孩的休閒攀樹裝備。

小小攀樹師

我真心覺得「在樹上過夜」是件很酷的事，即使距第一次在樹上過夜到現在已經許多年，我依舊如此認為，並一直想讓更多人有機會能體驗那種感受。不過每次我舉辦這種活動時，總會因參加人數不足而流產，通常只有那些很積極纏著我攀樹的朋友，才有機會跟我到樹上過一夜。

記得那是在我剛以「攀樹」做為自己事業的第一年，某次帶領一個類似共學的團體，一群家長先來嘗試攀樹，整場攀樹活動在開心又愉快的氣氛下結束。也許是我的互動風格剛好對到家長們的胃口（太好笑之類的？）主揪的賴小姐突然問我：「鴨子老師，你怎麼不辦營隊？」「辦營隊太累了，而且我人手不夠啊！還要招生……很麻煩。」我回答。「你辦個暑假小孩營隊，我幫你招生！」賴小姐這樣說。然後那年的暑假，在我的惰性與賴小姐積極催促的拉扯中，終於辦成了一個每天攀樹的暑期營隊。

由於要讓小孩到樹上去過夜，這導致在名額上有很大的限制，幸好那時大家對攀樹的認識也不多，大部分都抱持觀望態度，最後我們在接近最低參與人數下舉辦了這次營隊。

由於我從大學開始到前一份體驗教育領域工作，或是在自然教育中心，辦營隊這件事可說是從沒間斷過，所以這對我並不是太難，加上前老闆的訓練（磨練），讓我能提出與一般制式營隊不同的看法與想法，將種種經驗融合後，便成就了這四天的攀樹營隊。

在我的營隊中，小孩們每天要寫日記，必須自己討論每餐菜單，每天派一位公差由我們帶去「菜市場」買菜，自己燒熱水洗澡（真的燒柴喔）。由於所有攀樹過程都要自己來，所以孩子們還必須學會攀樹的基本技術。基本我們只幫忙架好最後一天要睡在樹上的吊床，其他與攀樹有關的技能，諸如架設攀樹繩、打好攀樹用的繩結、攀上樹等，都是由他們自己來，也正好以此來檢視整個營隊的成果。

當然有些孩子對於睡樹上還是會有擔心跟害怕，而我們就是鼓勵但不強迫；雖然我很肯定這些事小孩絕對做得到，甚至常做得比成年人更好，但就是給他們時間跟選擇（當然都有先通過安全與風險評估）。結果自然是有些小孩睡樹上，一些仍睡地上；但往往隔天（也就是營隊最後一天），睡樹上的孩子都會說下次還要睡樹上，而睡地上的孩子常會對前一晚沒有睡樹上感到懊悔。

另外，拜科技及網路進步所賜，我們能將孩子在營隊中發生的事同時向家長分享，例如買菜時跟老闆殺價、煮飯炒菜的實況、攀樹時表現出害怕、盪鞦韆時的破音尖叫，讓家長們感受到自己孩子的變化與成長，也能讓孩子立即感受到家長的關心。

但畢竟這是一個商業化營隊，不太可能做到完全的野外生活，但我想一個人若能在如此接近自然的環境中生活與成長，整天和樹親近，又怎能不愛上大樹與自然呢？在外人看來，我是在進行教學或教育，但我覺得自己其實只是提供了一個機會，讓人有機會接觸這種天然環境，而大樹才是他們的老師，自然環境才是他們的書本。

1 夜宿的樹上吊床。

2 睡樹上的孩子。

1

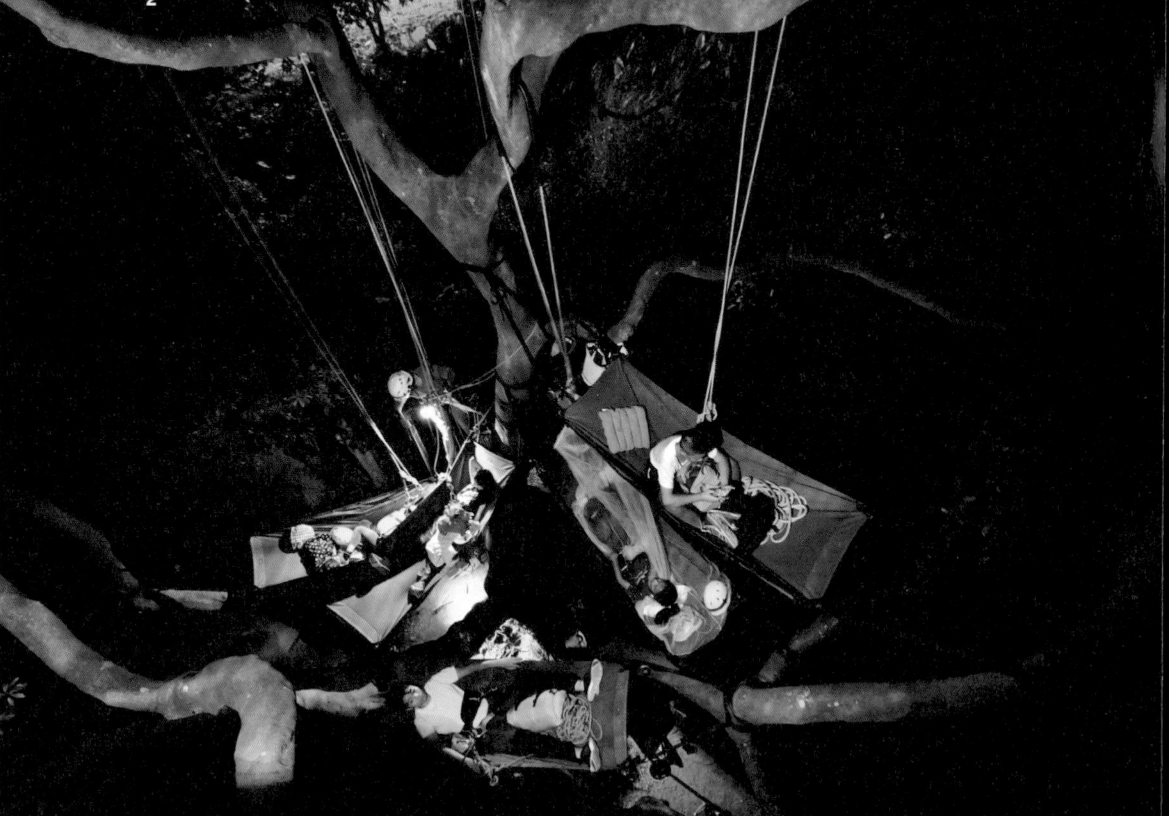
2

樹上看見的世界。

人人都能攀上樹

我一直認為攀樹是一項老少咸宜的活動，截至目前為止，我帶領攀樹的年齡層是四歲到八十五歲。這裡是指在單次攀樹活動中，經過約一個小時的說明跟教學後，就完全可以自己上下攀樹的參加者。是的，當時就有一位四歲的小弟弟能自己慢慢攀到十公尺左右的高度；因為他的緣故，我更確信只要給小小孩足夠的時間，放心地讓他去嘗試，那攀上樹這件事其實沒那麼難（當然也要孩子有興趣啦）。只是大部分時間，大家都不喜歡慢慢爬，總像是在跟誰比賽一般趕時間，好不容易爬到高處，卻又急著下來，彷彿深怕時間被誰偷走，因而忘了去品嘗不同高度的世界。

某次有間學校特別邀我去帶領學生攀樹，不同於平常的是，那次的對象是資源班的學生。以往也有些基金會或機構會請我們為這樣的對象設計攀樹活動，但通常主辦單位會先行篩選後才來參與活動，而這次比較特別，是學校所有資源班學生都會來參與。對我來說，這是一次很特別的帶領經驗，剛好承辦老師也想讓這些學生嘗試看看，因此我們就帶著試試看的心情，準備進行攀樹活動。幸運的是，學校的樹況不差，高度也不低（可以攀爬到十公尺以上）；但由於是「全校」的資源班，因此必須分好幾天來操作。

在帶領第一個班級的時候，我並不太擔心學生們會不會攀不上去，比較煩惱的是，這些就讀資源班、有特殊需求的孩子，其中部分伴有認知功能缺損，不知能否聽懂我說明的攀樹教學內容，幸好多數孩子大致都能了解（也可能只是懂我說的笑話，所以參與度不低）。到了最後，攀不上樹的人屈指可數，不少學生還攀上攀下了好幾次。當然他們在過程中仍會有害怕、擔心等情緒，不過看著其他同學慢慢攀到樹上，大多也願意去突破自我。

我在這次的嘗試中，其實就是把他們當作一個大小孩來互動，不過對帶領者來說，自然需要有更多耐心，給孩子們更多的時間去挑戰。我想如果四歲小孩都能開心地攀上樹，那這些大小孩應該也很有機會，而且他們的體力甚至比四歲小孩來得更好，就像天真無邪的天使住在會不斷長大的身體裡一般。在那幾天中，我看到了一群不會飛，卻在樹上開心玩耍的天使。

雖然我無法了解或體會這些孩子的實際想法與感受，但我覺得他們在攀上樹的那一刻，應該會有成就感與滿足。至少在課堂休息時，有些別班學生跑到樹下，露出羨慕眼神看著樹上，肯定是覺得他們很酷吧！

超人不會飛。

攀樹教學中。大樹就是最好的自然老師。

高關懷攀樹

其實我並不喜歡用「高關懷」來稱呼這些小孩，因為對我來說，他們就是來攀樹的參與者。活動主要契機是來自一位跟我學攀樹的社工朋友——許月萍，她因為接觸了體驗教育（Adventure Education），覺得這種方式非常適合運用在她平常的工作上，因此常帶這些孩子去進行一些強度較高的挑戰，例如登山、騎自行車環島等。

不知月萍是如何找到我來學攀樹的，但她在上課時與我聊到想將攀樹活動放進課程中的想法，讓我相當認同。也許是因為我在以「攀樹」做為事業前，就是從事體驗教育的工作，所以聊到要將攀樹融入她工作的課程時，感覺似乎還滿合拍的。直到現在，我們已經合作過許多次了。

其中令我印象最深刻的攀樹活動，應該是一次安排在東眼山的兩天攀樹活動。配合東眼山自然教育中心的課程與攀樹場地，月萍帶著一群學生來這進行攀樹活動。帶攀樹跟教攀樹對我來說自然是駕輕就熟的事，因為一般參加者通常是為了一窺樹上風光而來，本身就存有相當的動機；但要帶領這些可能對攀樹根本沒興趣，甚至有很大機率是被保護官逼著來的參與者，必須先引起他們的興趣才行。

有鑑於本人其實耐性不佳，因此這成了最大的考驗。幸好當初在安排課程內容時，我便與月萍協調好工作上的分配，有關與孩子對談或輔導的工作，當然就是交給月萍；至於攀樹的部分，不論是架設、裝備或介紹攀樹與教學，就是由我們來執行。

初次見面時，我可以很明顯分辨出這群孩子的差別，有些是「反正就不想待在學校，能出來『玩』最好」，興致很高，有些則是完全相反的「完全不想參與，反正我來是不得已的」，態度消極。當然大部分的孩子配合度都很高，只會擔心害怕攀樹要爬很高，但又想嘗試看看。

這種參與者組合，對攀樹教學其實比較有難度，因為在說明時要先引出那些沒興趣者的動機，但若花太多時間在這件事上，則會讓本來就有興趣的參與者覺得等太久、不耐煩，因此那次我刻意將說明的步調加快。畢竟那些本來沒興趣的人如果想要嘗試，教練們還是需要有耐心地再為他說明一次。

當然我是希望大家都能盡興地到樹上去，因為我衷心相信，當他們能爬到這些大樹接近十五公尺的高度時，肯定會對這世界有不同的「看」法，至少能增加一種視界。其中大約有兩、三位孩子在第一天幾乎是連參與都沒有，可能是有自己擔心害怕的理由，也許是受其他同儕的影響。我觀察到有個小團體，大約在攀離地面二公尺後就不再願意嘗試；另外一個有趣的小群組，是三個精力旺盛、身體素質相當好的孩子，這種老少皆宜、只有往上往下的攀樹活動，似乎無法滿足他們的胃口，竟然有一位跑來跟我說：「我已經爬五趟了。」這可至少累積了六十公尺以上的高度啊……青春期的少年果然電量充足。

晚上我們與月萍討論這兩種極端的情形。精力充沛組十分好辦，無非就是運動模式對他們太簡單，只要明天將這幾個「高手」交給裕昌（幸好我在第一天的教練介紹時，有把裕昌是某次臺灣攀樹錦標賽冠軍的稱號搬出來嚇嚇他們），帶領他們練習更高難度的攀樹技術，這樣他們不僅能得到在學校得不到的成就感，也會更加肯定自己（當然應該也可以爬得更開心）。至於不願意嘗試的另一組，在月萍與她們聊過後，加上承諾會陪著一起攀樹，終於也同意隔天再好好嘗試……。

隔天我們多架設了一張吊床在樹上，給大家一個往上攀爬的目標。那群精力充沛組，果不其然被裕昌磨練得耍耍的，但看得出他們相當開心跟滿足；至於月萍這邊，則是陪伴前一天最為排斥的那位孩子，其他幾位在同意嘗試後，似乎沒有太多懸念跟困難，慢慢朝著樹頂前進，也就不太需要更多關懷，只要放她們跟大樹好好相處即可。

至於月萍陪伴的這位，可以感覺到有許多掙扎。月萍又是停下來等她，又是跟她聊天，偶爾還拉她一把。因為有月萍在，所以我也不用提供太多協助，便專心去顧其他在樹上的孩子。大約一個小時後，我再回來看月萍這邊的情況，她們幾乎已到達架設繩索的最高處，那孩子甚至可以或坐或站在樹上，與前一天大相徑庭；雖然從動作中仍能感受到緊張與擔心，但她確實能做到這些事。當下我的感受是：「果然只要願意，往上攀樹這件事誰都有可能做到。」我相信這孩子在這天過後，肯定會有一些不同的體悟。

與體驗教育的高空設施相比，攀樹當然也是有高度的挑戰；但不同的是，攀樹幾乎所有決定權都掌握在自己手上，要上要下完全可以自主（不往上攀或不下來，連教練也拿你沒輒）。雖說在操作高空設施時，引導者會告訴每個操作者都是「Challenge by choice!」（選擇性挑戰）但畢竟設施總有操作的固定模式，常會令操作者陷入應該完成「什麼」才算達到「目標」的窠臼，加上這種課程往往有時間上的限制，要讓所有參與者做到Challenge by choice，勢必有相當的難度。

攀樹則完全不同，我能做的就是教會參與者上樹跟下樹的方法，接下來就是各自努力了，所以參與者有很長的時間可以自己做選擇。「要繼續往上呢？還是這樣就好？不然休息一下好了。可能還是下來比較好吧？」當然，所有安全上的風險評估跟架設都是由我們先準備好。另外還有一點最大的不同，就是攀樹會讓人感受到自己所爬那棵樹的生命力，是一種生命間的連結，這種有溫度的感受，實在是人造高空設施無法提供的。

東眼山攀樹活動結束後隔了幾週，月萍發了訊息給我，她說那位孩子回去後有了明顯的不同，整個人變得積極許多，也開始有了自信。她所參與的樂團想得到某公司追夢計畫的贊助，必須要得到一定的票數，她為此拉著團員到夜市去向陌生人拉票，這是她從前完全不敢做的事。「以前的我，上面這些事我根本完全做不到，而且對自己很沒有信心。現在，我知道自己想要做什麼事，以及可以嘗試做什麼事了。」這是她在月萍訪談記錄中的自述。

一開始我只是想藉由帶領攀樹活動，達到環境教育、愛樹愛地球的目的，從沒預想到可以像過去從事體驗教育工作那樣，為人帶來如此的生命改變。這種導向著實也讓我有一種成就，就跟那孩子一樣，應該藉由攀樹去嘗試各種可能。真的！攀樹就跟人生一樣！

DIARY .12

最近月萍又來訊提到，那位孩子現在為了考上好一點的高中，歷史科目的成績突破以往地提高到七十分。也許很多人無法體會拿到七十分有什麼難度，但對一位討厭讀書的學生來說，這七十分可是多麼大的突破！在此之前她可能連及格的六十分都沒得過幾次，甚至都不一定會去學校。當然，我更認為人的價值不能單用學科分數來衡量，並相信這位學生肯定會繼續嘗試她以前不敢、未來不知的事。

攀樹會讓人感受到自己所爬那棵樹的生命力，
是一種生命間的連結。

飄雪的北海道，尋找傳說的大樹。

前面一眼望去的景色盡是雪白，
如果不是有比人高的枯黃色虎杖，
就是一個接近黑與白的世界了。

踏雪尋樹　13

日本有句名言說：「人生には三つ坂（さか）があるんですって、のぼり坂（ざか）、下り坂（ざか）、まさか」（人生中有三坡道，上坡道、下坡道、沒想到），正符合我此時的人生寫照。雖說我一直是不愛犯險、希望日常平穩、一切照計畫進行別出岔子的個性，竟然會進行著一連串的「沒想到」。我真的沒想到自己第二次來到北海道，竟會站在一踩腿會陷到膝蓋處的雪地，望著一棵在這次計畫外的五百歲橡樹——ミズナラ（水楢樹，殼斗科，橡樹的一種）。

二〇一六契機：第一次的北海道行

先將時序拉回到二〇一六年，那是我人生至今最煎熬的一年，而在接近尾聲的十月，不知怎地，可能是想讓自己離開一下熟悉的環境，剛好有群投身環境教育工作的好友們邀我去北海道參訪之旅，就這樣毅然答應了，而這一去就離開臺灣十天。上次我離開臺灣這麼久，約莫是十多年前剛進入職場時，某次到上海崇明島去帶領近二十天的體驗教育課程，不過那次是為了工作，這次去北海道則是參訪兼觀光，行程是札幌進函館出。比較特別的是，多數時間我們所待的地方，幾乎都沒有一般觀光客……主要都待在黑松內町山毛櫸森林自然學校（黒松内ぶなの森自然学校），之所以會來到裡，是因為有位很特別的臺灣朋友在這裡工作，她就是綽號「小米」的吳立涵。

小米之前透過打工度假的機會，隻身來到黑松內町山毛櫸森林自然學校，以不支薪的實習生身分在這裡開始為期一年的工作，之後在二〇一六年成為了正式員工，多虧有她辛苦為我們翻譯及安排各種協助，這次活動才得以順利進行。也許是因為大家都是朋友，所以當小米為雙方翻譯時，我覺得那不只是翻譯，而是一種聊天式的溝通，我稱之為「有溫度的翻譯」。在這期間我們除了參觀外，有時還要共同參與自然學校的課程，例如有天要從太平洋海岸健行四十公里到日本海海岸，出發前還被叮嚀，有段山路要小心熊出沒（不是開玩笑），晚上偶爾會遇到狐狸或狸貓出來覓食。總之，黑松內町就是個這樣自然的小城鎮。

山毛櫸森林

雖然這趟旅行所有的一切都讓我印象深刻，但最讓我覺得特別的，就是黑松內町的山毛櫸了。有一天早上我們先到「歌才森林公園」的山毛櫸中心，聆聽齊藤先生關於山毛櫸的精采簡報，接著他實地帶我們去森林健行並沿途進行解說，一路上所見的森林景象真是令我動容，底層被ささ（笹，音sasa，一種低矮的竹子）所占據，偶爾有幾株只剩豆莢的百合穿插其中，除了一些有植物排它行為[1]的松樹底層外，幾乎是看不到地面的，而人類的行徑倒是明顯得很；不過這綴滿水楢樹種子、混著泥土香氣的步道倒是頗得我心，途中經過的原始小溪更是為森林畫龍點睛。

我總覺得人類只要給大地時間，不去干擾，它總能妝點出最令人迷戀的景致，何須以人工去模仿？在這樣讓人又是驚奇又是放鬆的氛圍下，山毛櫸森林慢慢展現在我們面前。完全不同於方才停車處保留那幾棵直徑三十至四十公分粗的小山毛櫸，它們是這森林裡天空的霸主，樹身是一個成年人無法環抱的粗細（直徑大概超過一公尺），高度估計也有二十五公尺以上。你肯定無法想像，當我看到這樣巨大的山毛櫸出現在面前時，所

注1 有些植物會分泌化學物質，抑制其他植物生長。

感受到的衝擊有多大，因為在這之前，我只看過臺灣北插天山上的原生山毛櫸，直徑大都落在三十公分以下。

山毛櫸森林步道。

山毛櫸是這森林裡天空的霸主。

那裡放眼望去盡是山毛櫸森林，而且一棵比一棵還要更大。因為時間的緣故，我們只進行了一趟森林小旅行，但齊藤先生在途中曾說，當冬天白雪覆蓋整座森林的滿月之時，他們會有夜間森林散步的活動，那時銀白月光灑落在山毛櫸林間，地上皚皚白雪，人們就漫步其中，欣賞月光、樹影、雪。我光聽描述就覺得這真是令人神往的景色，當然，更吸引我的是齊藤先生提到的另一件事——這座森林有幾棵特別巨大的山毛櫸，也就是說，我前面看到覺得很大的那些樹，還不是真正的大……。

然而，若想在雪季外的其他季節造訪，可是有相當難度的。首先是沒有路徑，再來是必須渡河數次，因此就連齊藤先生也不常去這些地方；不過雪季時就另當別論了，因為雪將所有的困難地形都覆蓋，可以直接走過去。聽完這段話，我看到如此高大的山毛櫸所興起的攀樹欲望整個滿溢出來，並將這事就這樣存放在心裡，這一趟與眾不同的北海道之行，大概就在滿足跟開眼界中結束。至於攀樹，我還真的有在森林自然學校裡攀，那時我花了半天的時間，到樹上替自然學校把尚未完成的樹屋屋頂給釘好。

所以我第一次在北海道攀樹，是為了蓋樹屋。

銀白楊上蓋樹屋。

再度前進北海道

第二次的北海道之行當然是計畫好的行程，在二〇一七年夏天前，也就是小米去到黑松內的二年後，那時她正站在人生的交叉點，得在「繼續待在黑松內」跟「回臺灣」之間做抉擇。後來她選擇成為向臺灣朋友介紹黑松內之美的嚮導，這樣不只能回臺灣做自己喜歡的事，也能繼續與黑松內保持連結。

黑松內這地方根本就是一般臺灣觀光客不會去的祕境，如果是要去Shopping肯定會失望了，因為當地只有一間便利商店跟幾間超市。那時我得知小米決定的人生方向後，便向她詢問到黑松內攀樹的可能性（當然，我最想要攀的樹肯定就是山毛櫸了）。多虧小米在黑松內町的高人氣（最近似乎還獲得黑松內町頒發的「黑松內町觀光大使」頭銜），幫我們打點好許多我覺得不可能完成的事，就這樣，被黑松內町山毛櫸森林自然學校校長高木先生稱為「臺灣隊」的我們，就在大雪紛飛的季節來到了北海道。

講到臺灣隊，就該介紹一下這次幾個來雪地攀樹的傻子，首先當然是統籌一切的小米（吳立涵），再來是同為攀樹師的杜老爺（杜裕昌，我的大學學長），還有自稱臺灣攀樹美少女的許荏涵（剛好在日本行這幾天，她也接到通過攀樹師考試的通知，成為臺灣第一位女性攀樹師），以及被我隨口問問，沒想到竟一口氣將整年特休假請完來攀樹的朋友李家儀，最後，當然是出這個餿主意，然後頭兩天還感冒的我。除此之外，杜老爺還自己準備親子加油團（編劇老婆跟三歲女兒），大概是這樣的組合。

黑松內町學校與臺灣隊。

Journey in Hokkaidou

水曲柳

01

冨田先生

二〇一八年的第一個星期六，是我們來北海道的第三天，這三天間我經歷了許多人生不同的第一次：第一次在雪滿出來的地方、第一次雪球亂飛、第一次砌冰磚、第一次開車打方向燈時都按到雨刷（因為日本是右駕，與臺灣左右顛倒），但這些都不是最主要的目標。那天小米帶我們去拜訪冨田家，是以種植馬鈴薯為主的農家，由於冬天積雪的緣故，農業活動幾乎全都暫停。冨田先生一看上去就是個令人敬佩的典型農人，臉上不違和的歲月皺紋，散發沉穩內斂的感覺，是一種長時間（或許該說一輩子）跟大地相處而塑造出來的模樣，雖然個子不高，但那雙又大又厚實的手，著實引起我的注意。冨田先生的手大概有我的一倍半大（雖然我手也不大就是了），我想他一生的故事肯定都寫在那雙手上，並直覺認為那就是他進行農事時的最好工具，反觀我這肥短小手肯定做不來，還是乖乖攀樹就好。冨田太太則是親切又和藹，雖然我們只是短暫來訪，卻能感受到她細心打理家中的一切。冨田家就是這樣，給人滿滿溫暖的感覺。

原本的計畫是冨田先生的兒子騎雪上摩托車，帶我們到後山去看一棵被保留下來的巨大山毛櫸（它在北海道開發歷史中躲過被砍伐的命運）；但因為天氣不好，雪下得太大也積得太深，富田先生覺得上山太危險，建議我們明天再去看看。就這樣，天不時但地利人和，我們因小米的關係得到富田家的款待。只見屋外鵝毛大雪紛飛，而屋內除了柴燒的香氣及溫暖外，還有一群南國來的鄉巴佬，喝著富田太太準備的熱茶配小蛋糕，我們厚著臉皮地接受招待；雖然樹沒看到，倒是過了一個愜意的下午。但因為攀樹才是此行重點，我們在回程的車上也思考著備案，畢竟總不能一直這樣吃吃喝喝吧！

水曲柳

隔天一早，雪仍是一陣一陣地下著，太陽也沒露臉。我們抵達時，看到富田家三兒子富田ひろ正駕著雪車載孩子在雪地裡兜風，不過因為還在下雪，所以我們心裡大概也有底——到後山這件事看來是無望了。但今天既然已安排了攀樹行程，我們便照昨天擬定的備案：富田家門前積著雪的馬鈴薯田中，矗立著五棵超過二十公尺的大樹，就以它們做為我們第一

車子與積雪的高度。

次的雪地攀樹。詢問冨田先生後，得知這五棵樹是ヤチダモ（水曲柳，梣屬），沒想到我們沒爬到山毛櫸，竟誤打誤撞爬了珍貴的水曲柳（這種樹由於材質好而被大量砍伐，現在已成為受保護樹種）。

超過二十公尺的水曲柳大樹。

光是要到水曲柳樹下就是第一個挑戰，我們必須穿著能讓腳踏在雪地上而不致陷落太深的雪鞋，雖然前一天已練習過穿雪鞋在雪地裡走路，但走在這積雪至少超過一公尺深的馬鈴薯田上，那還真是要費一番功夫。若單純只穿雪靴，每踩一步都深及膝蓋，根本就是寸步難行，所以我們在攀樹前，便先穿雪鞋踏實可能會使用到的範圍。

由於成員裡沒人有在雪地攀樹的經驗，所以就各自忙各自的，雖然看似雜亂，卻展現出每個人平時攀樹所累積的功力。當然首先還是得將攀樹繩給掛上樹，也就是先將豆袋連同投擲繩拋到定點，然後再換成攀樹繩。本來再平常熟悉不過的動作，現在卻充滿了挑戰，因為穿著雪地用保暖手套肯定丟不了豆袋，而失去禦寒手套的雙手又僵硬得很，我們就如同初學者一般，動作生硬地將豆袋丟上樹，在雪地裡果然一切難度都提高了。

大家各自追著時間，把握手還有溫度能進行作業的時段，而我則一面架設攀樹裝備，一面還要設置記錄用的相機，真是忙得不可開交。一段時間後，大家都開始往上攀，與前置作業相比，攀爬是最簡單的部分，不需要太多的思考，只要機械式地重複攀爬動作就能到達，就如同我常跟初學攀不快的學生說：「慢慢來就好，就跟人生一樣，慢慢爬也是會到的。」

慢慢來就好，就跟人生一樣，

慢慢爬也是會到的。

布滿積雪的枝條

這季節的水曲柳一片葉子都沒有，而這也是我第一次接觸這樹，因此從沒見過它的葉子，不過樹本身的枝條卻清清楚楚地展現在我面前。或許是因為枝條上到處都積了五公分以上的雪，自然散發出一種蒼勁氣勢，也看得出沒有被人為修剪過，而大自然為它做了最好的修飾（當然上面還是有些自然枯死枝，以及一些不知是風斷或雪壓斷的大枝條），這幾棵水曲柳的姿態讓我感覺到，大自然果然是最好的園丁。

水曲柳的樹皮肯定不能算是光滑，但縱裂雖明顯，也不能算是特別粗糙，樹皮顏色主要是灰色，大部分是一些不曉得已乾枯死亡或因太冷而休眠的黑色地衣，加上少許耐得住冰雪、有生氣地在樹幹點上幾點的黃橘色地衣，以及在較深縱裂裡偶爾得見的杯狀菇菌類。無論在北國或南國的大樹都一樣，總是默默承載著許多住民。

我就這樣上上下下來回攀了幾次，尋找雪原荒樹上還有什麼特別的，但之所以這樣攀上攀下，除了為滿足好奇心外，其實還有別的原因。那天我

枝條上到處都積了五公分以上的雪。

們有充足的時間進行雪地攀樹，能悠閒而奢侈地感受樹上時光，但有個最大的阻礙就是「低溫」。長時間處在這樣的低溫中，若單純待在樹上或樹下，即使已穿上雪衣、雪褲等禦寒裝備，肯定還是無法忍受，所以只好逼自己多攀爬幾次，讓身體可以保持一定溫度。我們從上午十點多直到下午三點，不是待在雪地就是樹上，就這樣不斷進行著彼此的雪攀修行，可能大家也知道之後還有幾天要攀樹，因此趁著今天時間允許，多熟悉雪地攀樹的一切。

眺望種了一輩子的田地

在攀樹大約進入尾聲時，富田先生來到樹下關心我們，可能是因為我們在戶外真的待太久了，讓他有點擔心。這時小米問我：「有可能讓富田先生到樹上去嗎？但是他腳不太舒服，沒法自己攀樹。」小米這一問讓我想到，如果能讓富田先生到這些樹上，從樹上不一樣的角度去看自己照顧了一輩子的田地，那肯定是件很有意義的事。「當然可以！」我這樣回應，「不過我需要一些時間來準備喔！」

水曲柳樹皮的黃橘色地衣。

於是我們將原本攀樹的系統進行一些調整，裕昌在樹上架設，我在下面檢查系統，轉換之後只要有二個人在下面協助，就可以讓要上樹的攀爬者不花任何力氣地上去，不過因為富田先生是第一次攀樹，所以還是需要裕昌一直待在樹上協助，而我跟小米二人在樹下用力將富田先生往上送。由於天氣實在太冷了，什麼事似乎都變得很難，我與小米拉得相當吃力，但即使如此，富田先生還是慢慢地上升。

後來富田家三兒子富田ひろ騎雪上摩托車載著小孩出現，我想他也是來看富田先生的吧！於是我們多了一個得力助手。沒想到富田ひろ才一個人，就輕鬆將富田先生送到樹上接近十公尺高的地方，沒用的我們正好落得輕鬆。雖然我與富田先生言語不通，但從相機的鏡頭中可以看出他那驚奇又滿足的表情，可能是因為以從沒想過的角度看著有一輩子感情的大地，並為此感到相當滿意吧！之後富田先生慢慢從樹上下降，由於過程中很靠近樹幹，加上一身黑色及紅色頭盔，不知是誰看到這景象說了：「這樣好像クマゲラ！」

クマゲラ翻譯為黑啄木鳥，是一種頭頂紅色、其他部分黑色的大型啄

慢慢上升到樹上的富田先生。

水曲柳上的富田先生，一身黑色及紅色頭盔宛如黑啄木鳥。

木鳥，也是黑松內町的吉祥物。「クマ是熊，代表動物裡面體型大的，ゲラ是啄木鳥，所以クマゲラ是指像熊一樣的啄木鳥，因此叫做大黑啄木鳥。」小米解釋給我們聽，而一旁冨田先生的孫子們很開心地一直笑冨田先生像クマゲラ；冨田先生回到屋子後，倒是愉快地跟太太說他剛剛在樹上很像クマゲラ。隨後三兒子冨田ひろ也上了樹，當然他可以自己往上攀，完全不需要我們的協助，並順利也開心地感受了樹上的世界（我猜啦）。

寒冷的雪地，溫暖的心

收拾完攀樹裝備後，我們又被邀到冨田先生家裡，這天人比前一天更多，又多了幾位冨田先生的孫子，但他們似乎對我們不感興趣，只有在我秀出相機裡冨田先生像クマゲラ的照片，以及冨田ひろ在樹上的照片時，才將注意轉過來一下。這個下午冨田太太準備了熱茶跟自製麻糬，一邊親切地招呼著我們，一邊說著：「你們能在雪地裡待這麼久，真是厲害，而且你們還是從溫暖的地方過來……」殊不知其實我們內心也更想待在屋裡

クマゲラ，大黑啄木鳥為黑松內町的吉祥物。
圖片提供／黑松內自然學校

喝熱茶、吃點心（笑）。

接受款待後，我們上車準備離去，富田先生跟太太到屋外雪地送我們。小米說：「我們要趕快上車，快點離開，因為他們會一直站在那裡送別，直到我們離開他們的視線才會進屋。所以要快一點，不然他們要在雪地裡站很久。」因此小米一上車就踩足油門，我們便一溜煙離開了富田家。回想起來這真是挺有趣的，不過也可以看出日本人的禮節。那天的最後與前幾天一樣，我們用溫泉來劃下句點，不同的是，我心想著：「我終於完成『在雪地攀樹』這件事了！」小米告訴我們：「明天應該會去找齊藤先生，然後去爬山毛櫸。」「好啊！」不知是因為太累、太冷或已經覺得滿足（也可能開始想偷懶），我沒什麼特別情緒地回應著。

Journey in Hokkaidou

山毛櫸

02

出發

我們這次的北海道攀樹之旅，雖然有目標但沒精準計畫，畢竟對所有人而言都是第一次。當然一切都有事前詢問並得到同意後才打點好，但並沒有精準表定哪天要去爬哪棵樹，大概就是第幾天看天氣如何，我們去哪座山裡找哪棵樹，或者像高木校長就會告訴我們哪裡有棵大樹，可以去看看適不適合，這樣的行程看似鬆散，但「攀樹」這件事還是擺在旅行的最優先順序。

旅行前幾天我除了在意本身的感冒外，對於還沒攀到樹真是有點焦慮跟擔心；幸好感冒在攀樹前就恢復得差不多，而「一定要攀到樹」的焦慮也在攀完冨田家的水曲柳後一掃而空。記得剛攀完時還有「接下來不用那麼辛苦也沒關係了吧」的念頭，不過隔天就打起精神，以「好不容易都來了，再堅持一下吧」這想法覆蓋過去。

這天一早，難得見到白色大地以外的藍天，「今天回溫，有正四度，所以我們去找山毛櫸好了。」小米依照她對黑松內町天氣變化的經驗這樣說著。早餐後我們先出發到山毛櫸中心，向中心內的齊藤先生再次打招呼，表明我們今天要去找山毛櫸，而裕昌的老婆、小孩會待在山毛櫸中心樓上的圖書館，畢竟這是一趟有點難度的路程。等裕昌完成拋家棄子的儀式後，我們便出發去尋找山毛櫸。

前幾天我們剛到黑松內町，便迫不及待地去找齊藤先生，向他詢問山毛櫸大樹的資訊。那時齊藤先生將工作告個段落，抽空接待我們，只見他不疾不徐地去辦公室拿了一份簡單的等高線地圖（看來之前小米跟齊藤先生提過我們的攀樹需求後，他便為我們做了些準備）。齊藤先生沉穩地拿著筆在地圖上說明著山毛櫸大概的位置，「必須要過河，然後往上到山頂，再下切到山凹，或是過河後沿著山腰繞一圈……就這樣。」齊藤先生輕描淡寫說明了給我們的建議路線。總而言之，似乎就是一種得到藏寶圖的概念。

狐狸的腳印

將時間拉回在前往目的地的車上，「地圖呢？學長有在你那嗎？」小米問著，「沒有啊，昨天不是你跟高木校長在研究？」裕昌回應，看起來我們得來不易的藏寶圖失蹤了（笑）。幸好我們有全臺灣最科技化的攀樹師裕昌（具十年高科技產業工作經驗），他平靜地說：「我已經在手機上定位好了，沒地圖也沒關係。」

我們來到齊藤先生提到的重要地標「貝殼橋」後立刻右轉，繼續行駛到汽車無法前進的位置，那就是我們今天的起點。下車整好裝並帶上攀樹裝備跟午餐，每個人大包小包地武裝自己，前面一眼望去的景色盡是雪白，如果不是有比人高的枯黃色虎杖，就是一個接近黑與白的世界了，接下來的這天是充滿未知跟探索的行程，而我們帶著一種準備探險的心情出發。

記得當我還是孩童時喜歡到處探險，山裡有路就鑽，管它來過沒有，了不起就是原路折返，不論是現在或從前，那種摸索未知的感覺總是令人回味。不過忘了從何時開始，好像幾乎不再做這樣的事，不禁納悶自己究竟是失去了勇氣，還是失去了動力？我想可能是因為長大了吧！長大後總是有許多擔心，以致寧願選擇待在自己舒服的環境，卻也失去了很多驚奇的事物，而這次雪地尋寶（樹）確實超乎我原本的想像。

我們五人前進時自然形成一路，由裕昌開路而我殿後，就這樣踏雪尋樹去。雖然在雪地行進快不起來，卻也沒有太多時間去觀察這片雪封世界，加上每個人都背負不輕的裝備，走了幾十分鐘後，有人問：「我們是在做雪地負重訓練嗎？」幸好氣溫是正四度，與昨天相比溫暖多了（當然停下來太久還是會被奪走溫度）。我們保持穩定的步調，直到遇見地圖中的小河，便在河岸邊跟著雪地上狐狸的足跡沿河前進，「牠也是在尋找最窄的河道渡河吧？」我想著。

我們在狐狸腳印上覆蓋更巨大的雪鞋印續行，在狐狸腳印消失處又出現另一條與河匯合的小溝，看來這下不橫渡不行了。所幸這小溝大概只有二公尺寬，加上積雪的關係，算是相當容易跨越，比較難的部分應該是要先把雪鞋脫掉（因為跟穿著蛙鞋一樣無法跨大步伐）；但只要不嫌麻煩，這應該是最簡單的方法了。

前往山毛櫸的路上。

狐狸的腳印。

驚險渡河

過了小溝後是更難的部分，要橫渡最初的小河，就大約有五公尺的距離了，加上河水源源不絕地流動，更增加了難度。過了匯流處沒多遠距離，有一根約十公分粗的倒木橫跨在兩岸，這應該是在下雪之前倒下的。由於我們站在雪上，距離那根倒木至少有一公尺以上的落差，裕昌為了讓大家有更好的渡河選擇，繼續沿著小河往前尋找更佳的位置，其他人則留下來摸索渡河的方式。

這時五個人中最有「冒險」精神的家儀自告奮勇，要去試試這根「獨木橋」，然而就在我們提醒完要小心點、慢慢來的同時，穿著雪鞋的家儀竟滑了一下，啪地一聲，她上半身掛在那根倒木上，一隻腳泡到河裡，另一隻腳則懸空著。這著實讓我們嚇了一跳，還好人沒受傷，就是濕了一隻腳，然後一隻雪鞋掉到河裡，但至少讓我們知道這根倒木是相當堅固的。

我們先幫家儀回到原本的岸上，讓她整理一下，同時我請荏涵去找一根夠粗夠長的樹枝（約二至三公尺）當作渡河用的工具。接著我在倒木上以接近半踩半趴的姿勢撈著落水的雪鞋，而這河水出乎意料地深（超過一公尺），如果方才家儀整個人落水，我想今天應該就要撤退了。

不久，鞋子終於撈上來，樹枝也找到了，而家儀仍果敢爭取要第一個過河，並在樹枝的輔助下順利地過河。由於若要大家背著重裝過河，那風險似乎有點太大，因此最後決定由我一個個背著大家的裝備，來回渡河幾趟，將裝備給運送過去，然後依序由小米、荏涵、我渡河。等大家都安然來到河岸這端後，裕昌也從另一處渡完河，折返過來與我們會合，「前面河水更急，而且過河後沒有路可以往上，還是要從這裡比較好。」裕昌說。

積雪陡坡

重整旗鼓後，接著要面對往上的陡坡。我認真覺得幸好有積雪，我們得以藉此踩出一條迂迴往上的路，不然這接近七十度的陡坡還真不知該如何往上。或許是因為心急吧，不知怎地換成我走在前面，裕昌壓隊。當我爬上最後一處垂直的陡坡後，眼前是一個平坦開闊的半山腰，這裡不同於只

找到約二至三公尺的倒木，夥伴們一一渡河。

有虎杖跟幾棵小樹的河岸兩側平地，除了柔軟像白色毛毯的積雪外，還有高大聳立的山毛櫸跟水楢樹，以及一些細長的白樺樹。

「別顧著欣賞這片樹林，更重要的同伴還沒上來呢！」在思緒差點因美景飄走的時刻，理性把我拉了回來。我看著下方的大家，可以感受到背著重裝、穿著雪鞋那種往上爬的難度，並趕緊從包裡拿出繩索，一頭鉤上扣環後丟下去，這樣大家就可以依序把背包鉤在繩索上，讓我一個一個拉上來，少了重裝負擔，行動相對也容易許多。等大家都上來後，我們進行了小討論，這山腰應該就是齊藤先生提過的「沿著山腰繞一圈」的那個山腰了。看看前方的山頂，再望向周遭的山腰……經過剛剛「攀」山的過程後，我們決定在山腰上前進。

落葉

大伙開心地在山毛櫸林下健行著，因為經過剛剛的渡河跟陡坡後，山腰平緩開闊的雪地讓大家的腳步輕鬆了起來。看著完全沒足跡的完美雪地，

利用繩索將裝備拉上陡坡。

有時會不忍心踩下去，深怕弄破了這白絹銀絨，但又有一種可以在此短暫留下自己印記的占有感，也許幾小時後的飄雪就會將它抹去，但我相信須臾即永恆。

走著走著，一路上除了白雪與從其中竄出的白樺樹、水楢樹和山毛櫸樹幹外，就只有我們，以及偶爾幾聲劃破寂靜的鳥鳴。我們持續行進，來到一處山毛櫸生長密度較高的區域，原本柔軟的雪地開始出現一些鑲嵌的落葉，那長卵形的葉片、平行對稱的葉脈，仍殘留著秋天的金黃色，這應該就是山毛櫸的葉片了。我想這是最後一批眷戀天空而不願落下的葉子，也可能是等到註定好的雪花出現後才願意一起翩落，在腐化前仍試著為雪地添上一抹黑白以外的色彩，不禁想問它：「願意跟我走嗎？」當然我沒有真的問，它也沒法回答我。我自私地拾了片山毛櫸葉夾在自己的記事本裡，之後應該會伴著記憶，一同保存在某本書裡吧！

隨著鑲嵌葉片數量愈來愈多，也開始出現山毛櫸種子的殼斗，那帶著滿身偽裝的假刺，同樣在雪地上鑿出一個個凹洞，即使在這樣寂靜的森林中，仍是處處充滿著寶藏。行進到山腰盡頭時出現了一個深壑，我們再

鑲嵌在雪裡的山毛櫸葉子。

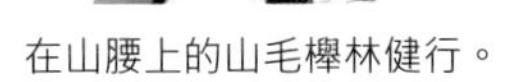

在山腰上的山毛櫸林健行。

次停下來討論並確定與傳說大山毛櫸樹的相對位置。經過裕昌的比對及說明，得知若要到達目標大樹，就必須先通過這個凹谷，再繞過對面的山坡，而且似乎還有一些未知的距離，「完全不是齊藤先生說的四十分鐘啊！」我們哀怨地說著。由於必須將攀樹及回程的時間都估算進去，但往前一切都是未知，經過討論，我們綜合時間因素並加上大家原有的疲勞（也許是惰性），最後決定不再往前，就地在這片森林選擇一棵適合的山毛櫸大樹，這下就容易決定了。

正式攀樹

時間來到下午一點左右，這季節北海道的天黑時間大約是下午四點三十分，也就是說我們大約還有三個多小時的天光。整理好（踏平）雪地並將裝備擺好後，我們短暫而愉快地享用事前準備好的午餐，並在攀樹前進行暖身用的「堆雪人活動」（大誤）。剛好今天的雪跟前幾天不同，是比較黏的雪，最適合用來滾雪球、堆雪人。

山毛櫸前與雪人合照。

到達高點後，往外看去能從枝條空隙中展望剛剛經過的那片雪原。

我們將堆好的雪人放在選定的大山毛櫸樹下，然後開始著手架設攀樹繩，彼此確定喜歡的支點沒有和其他人重複後，便投擲起豆袋。有了攀爬水曲柳的經驗，這次大家很快就投擲到想要的位置，當然投擲對我來說本就不是難事，而裕昌、荏涵、家儀也都是經驗豐富的攀樹人，所以不需要我協助；但我們的保母小米就不同了，她是攀樹弱女子（只會爬），因此我完成自己的部分後，得再多架設一道小米的攀樹系統，幸好這些事平常就做慣了，也是輕鬆完成。過程中有個插曲，大家被一隻啄木鳥的叫聲吸引而跑去追鳥（感覺時間滿多的），等回到樹旁時，剛好可以同時開始攀樹。

這是第二次雪地攀樹，大家攀起來也算是駕輕就熟，而為了先幫大家留下一些照片，我邊拍照邊等大家攀到一定高度後，才開始攀自己的攀樹繩。這棵山毛櫸雖不是我們預先設定的大樹，但胸高直徑也超過一百公分，目測樹高應有二十五公尺以上，無疑是一棵森林中的巨樹。

相對於找樹之類的其他前置作業，往上攀爬真的是最簡單的事，不一會兒，我上升到有枝條能夠站立的高度，而那天我架設的攀樹繩高度大約介於十八至二十公尺，並刻意把繩子放在盡量遠離山毛櫸主幹的分枝上，這樣等到達高點後，應該能獲得較佳的視野。結果如我預想，我到達定點後，往樹身方向望去可以俯視其他四位朋友，往外看去則能從枝條空隙中展望剛剛經過的那片雪原，這時我才算真正有時間，可以好好琢磨這棵巨大的山毛櫸。

地球北限的巨大山毛櫸

如果說水曲柳的樹皮是歷經滄桑，那山毛櫸就是光滑細緻了，這部分倒是跟臺灣水青岡（山毛櫸）滿接近的，所以在我第一腳踩上枝條時，便清楚感受到摩擦力差點離我而去……幸好樹枝上積雪夠厚實，讓我免去踩空出醜的窘態。雖然我把樹皮形容為光滑細緻，但其上仍載滿許多的生機，可以看見地衣用盡生命構成如雕花般圖案的作品，而且還不只一種顏色，有青色、灰色、咖啡色等。除此之外，還有一些稍大型的藻類，如同時尚保暖大衣覆蓋著樹皮，這些生命就這樣在整棵樹延伸著。當然還有枝條上純白的積雪，以及待在末梢不願離去的葉片和殼斗。

積雪的枝條，載滿地衣構成如雕花般的圖案。

我拍了幾張對外展望的照片，欣賞完離地十多公尺高的山毛櫸後，回頭向其他人示意，請他們面向鏡頭，讓我留下幾張到此一遊的老派照片。沒想到剛才在我沉浸於自己的小世界時，大家也都沒閒著，各自蒐集不少樹上的積雪，又是搓揉又是擠壓，製造出不少雪球。就在我按下快門，喊了聲「OK」後，空中大戰立時展開……。

對於攀樹，我總不需要找理由，可能是為了拍一張雪地攀樹照才來北海道，也可能是為了爬上這全球生長北限的巨大山毛櫸，更可能就只是想在雪地裡攀樹。開心時攀上樹，難過時攀上樹，為了放空沉澱而攀上樹，想見識不同世界而攀上樹……不管如何，樹總是不會讓我失望，並會一直等待我。回頭再看看這群在樹上丟雪球的南方人，除了開心跟滿足外，現在似乎一切都不那麼重要了吧！

歸途

北海道攀樹計畫要面對的最大障礙，肯定就是比原先預期的低溫還要更

在樹上充滿了開心跟滿足。

冷的溫度了。此外就是我們老被時間追著跑，攀樹時間總是不夠，那天也是這樣，我們必須趕在天黑前回到停車處。我完成想在山毛櫸上做的事情後，便回到地面一一幫其他人多拍了些照片，然後抓準時間要大家開始下樹，心中同時希望今天也能順利以溫泉做為完美結束。

大家在沒有意外的狀況下流利收拾好裝備，循著原路往回走，來時路的難關現在都變簡單了。那個我們花許多體力與毅力的陡坡，現在只要突破自我，果敢地乘著雪溜下去，往上要二十分鐘的陡坡現在只消二秒（當然如果卡住就要二分鐘）。至於需要技術跟專注力的渡河，當然還是得小心翼翼地進行；但不知是趕著天黑的壓力還是渡河經驗深植我們心裡，大家都毫無遲疑地流暢通過。

雖然天色還是在最後一段河堤上的平緩路程拉下夜幕，但潔白的雪地仍使我們能看清周遭，到達停車處只是時間早晚的問題。不過我仍可以明顯感受到小米的腳步變得急促，我想這是她因責任而產生的壓力，必須要撐到車子旁才能放下心來吧！

大家坐在回程車上沒有太多談話，可能是累了，或許是在放空，小米一樣必須身兼司機，我則望著剛剛回來的方向，試圖在漆黑雪地中找尋剛剛那棵山毛櫸。雖然我們終究沒找到那棵傳說中的山毛櫸，但我一點也不覺得可惜，因為對我來說，下午選擇的那棵山毛櫸就是我心目中的傳說了，最讓我享受的樹，永遠都是正在爬的那棵樹。下一次，我貪心地冀望能在樹上與璀灰蝶[1]來段夢幻的偶遇，抑或是在那璨爛的秋季能空中再會。至於現在，還是先去泡溫泉吧！

注1　水青岡（山毛櫸）是璀灰蝶的食草，日本有富士璀灰蝶，而臺灣則有只吃臺灣水青岡的特有種夸父璀灰蝶（夸父綠小灰蝶）。

最讓我享受的樹，
永遠都是正在爬的那棵樹。
Tree

Journey in Hokkaidou

水楢樹

03

厚雪

雪持續地下著，結束攀爬山毛櫸的日程後，我們偷到一個觀光的日子，雖說如此，下午我在黑松內町的自然學校裡也上了樹，協助拆除那座被颱風吹落的樹屋遺留在樹上的一些鋼索及繩具（正是前年我幫忙釘屋頂的那間），這天強風挾著如同保麗龍碎屑的雪覆蓋了大地。

隔日上午則與昨天不同，時而藍天白雲，時而細雪紛飛，我們上午去了趟壽都町的滑雪場，開心坐著雪橇又摔又滑地過了半天，而高木校長在上午的行程結束後，藉著空檔帶我們去拜訪一棵黑松內町最大的ミズナラ（水楢樹，橡樹的一種）。

那棵大樹位在自然學校固定會帶學員去進行自然活動的場域，高木先生猜想我們可能會有興趣，可以去看看適不適合攀爬；但他空檔時間不長，只能領我們到入口處，即使是這樣，對我們也是無比的協助了。我們這次整個北海道攀樹之旅，一直受到許多黑松內町當地人熱心的協助，我想這應該也是多虧了我們保母小米的高人氣。

像保麗龍碎屑的雪。

高木校長與小米正在討論行程。

用過午餐後，我們跟著高木校長的車，朝過去幾天都沒去過的方向前進。不知不覺爬升到一側山的稜線，雖然馬路旁的擋雪板擋住迎風面上來的雪，路邊的積雪仍超過一個人的身高，難怪小米會說黑松內町在北海道被歸到豪雪地區。這段路的積雪實在太高，加上下午風雪一陣一陣，有時大到連能見度都幾乎被剝奪，有時卻又露出藍天，早上的間歇風雪根本不能與現在相比。

大約移動到這段路的制高點附近時，高木校長停下車並在風雪中查看四周，小米了解狀況後告訴我們，由於積雪太多導致景色完全不同，高木校長正在尋找森林的入口，但似乎不是很樂觀。根據高木校長的說法，從馬路旁的入口進到森林後，距離目標的水楢樹大約只需要十分鐘的路程，聽了這句話，我只希望不要跟齊藤先生的「四十分鐘路程」有異曲同工之妙就好（笑）。

路上的擋雪板與積雪。

穿越白樺林

過了一會兒，高木校長似乎仍對入口在哪沒有把握，也不敢確定位置，不過這棵五百歲的水楢樹本來就不在攀樹之旅的計畫中，加上我們已經攀了幾天樹，興致似乎也沒那麼高，最後我們因為入口不確定，以及高木校長還有其他行程，便決定打消念頭。

高木校長離去之後，我看著路旁又高又深的積雪，由於一般人並不會在此停車並走到路旁的雪原裡，所以自然營造出另一種無人的美景。我們索性停好車，著好雪地裝備到這片雪原森林裡探險，那裡大部分是白樺樹，摻雜著一些水楢樹及小株的山毛櫸。我拼湊著小米跟高木校長對話中的線索，內心不免仍有一絲妄想，也許能在這片森林內找到那棵大樹，就這樣漫無目的卻又抱持期待，在這片廣袤的雪林裡探索著。

就算已經來了這麼多天，看過這麼多雪，這種北國的雪白視野仍對我有足夠的吸引力。總之一行人就在這片白樺林中冒險了一番，直到小米接了通電話並回頭告訴我們：「高木校長找到入口了，我們開車過去找他吧！

而且他已經走到大樹又回停車處等我們了。」這樣意外的驚喜，瞬間殘忍地將我從冒險感受到的小確幸中拉了出來，我們毫不猶豫地趕回車上，開去與高木校長會合。

原來高木校長與我們分開後，並沒有直接回自然學校，而是在回程路上沿途找尋森林的入口，找到後為了確認真確性還親自走了一趟。得知這情況的我真不知該如何形容內心的感動（高木校長其實才剛大病初癒），我們再三向高木校長表達感謝後，便沿著雪地上新鮮的足跡往森林走去。或許是足跡很清楚不用尋路，也可能是這棵他們說的巨大水楢樹在召喚著我，以往背著重裝且攜帶笨重相機的我總是走在最後，這次卻沒有懸念地走在最前頭，腦海構想的畫面是「一幅透過白樺林才能窺見矗立的歷史」。

就在我們穿出白樺林，走完最後一段雪原並準備進入下一座白樺林時，眼前所見是比剛才腦中刻畫更為清晰真實的景象——白樺林中的水楢樹，我拿著相機錄下這段從雪原接近白樺林的過程，並站在白樺林前沒有進入，佇足欣賞這無法形容的震撼，直到原本距離近一百公尺遠的伙伴來到我身後，我才指著橡樹，回頭說著：「就在那裡！那棵五百年的水楢樹！」

準備進入下一座白樺林時，眼前所見是比剛才腦中刻畫更為清晰真實的景象——白樺林中的ミズナラ。

肅穆的長者

一行人在我的要求下，將裝備集中置放在離水楢樹約莫二十公尺的雪地上，本來我只是想拍一張乾淨的照片，因此希望能架構只有樹與攀樹人的景象，後來想想，這不啻也是一種對樹友善且尊重的模式。大伙開心地做準備，我則忙東忙西地選好腳架跟相機擺放位置。興奮地與大樹合照之後，我們便進入被時間追趕的窘境，因為是過了中午才出發，再加上尋找入口事件，等到整理完裝備要架設繩索時，已經是下午三點了，意思是我們就剩不到二小時的日光時間。

這是我們這次北海道之旅所攀的最後一棵樹，不同於前面的水曲柳及山毛櫸，雖然這棵水楢樹不若它們那樣筆直高大，樹冠幅卻是最為開展的，若靠得太近便無法一眼將它看盡，要看見全貌就必須保持距離。整棵大樹配上周圍的小白樺樹、小山毛櫸，散發出一股肅然莊嚴的氣氛，而我從攀樹經歷中整理出曾遇過有這類氣質的樹來看，全都是已存在數百年的大樹。說起來高度或許不是必要的條件，但我想歲月肯定是，就如同長者才能體現的智慧，有些道理也許不難懂，但經過時間淬鍊後再由長者表達，

500歲的水楢樹，散發出肅穆的氣質。

總讓人更覺得有深度。

這棵水楢樹的樹幹直徑超過二公尺，實際高度因為積雪緣故，只能從雪地往上估計，大約是十五公尺高，而周圍的其他山毛櫸或白樺樹，大概都是直徑十五公分以內的小傢伙。在這樣的環境中，完全可說是這棵橡樹在庇護著這些小傢伙，我能想像在春夏甚至在秋天落葉未竟前，這棵橡樹的茂密程度，肯定提供無法計量的擋風遮雨能力。

將雪地、大橡樹、小山毛櫸這些元素湊起來後，我腦中突然浮出《樹的祕密生命》（*Das geheime Leben der Bäume*，商周出版）中彼得．渥雷本（Peter Wohlleben）所說「橡樹是軟腳蝦？」這件事。當初看了這篇章後，完全無法想像書裡描述的畫面，現在則完全將書中文字轉變成圖像。這巨大橡樹肯定經歷了困苦的生存環境而活到現在，如今無形中提供山毛櫸一個適合的生長環境，現在我身邊的小山毛櫸總有一天會高過這棵橡樹，也許只消十年，甚至很可能會被一群山毛櫸林覆蓋，屆時這巨大橡樹在搶陽光時就成了弱勢，可是當初若沒有橡樹在刻苦環境提供庇護，那些山毛櫸也無法茁壯起來，書中細膩又詳盡的說明，如今正鮮明呈現在我眼

風雪中的水楢樹[1]。

◆後記◆

在2024年3月23日，高木校長在社群媒體上發布了令人不捨的消息，這棵五百年的水楢樹，不敵這一年大雪，有枝主要的枝幹被壓斷了，在斷裂的傷口處明顯可看出有腐朽空洞，希望即便如此，他仍能繼續屹立在那北國雪原之中。

注1　這棵水楢樹在2024/3/23被雪壓斷了一支主幹。

前，這就是大自然的演替了。

五百年的相遇

我們爬上了水楢樹，離地約三公尺處的主幹，分岔變成有六枝次主幹，因此幾乎一人選了一枝次主幹。看著這些往外延伸的次主幹，每一處蜿蜒都讓我感受到歲月的刻畫，這曲線是某年大雪壓的嗎？那直角的彎折是風吹斷後的癒合嗎？整棵大樹就是世界的歷史，完全不同於前幾天的水曲柳及山毛櫸，若說那二棵樹展現的是剛毅及活力，這棵水楢樹則讓人感受到了溫暖——一種穩定安心的力量，難怪北美印第安部落的長老會告誡年輕族人：「晚上在森林過夜要選擇在橡樹（Oak）下，橡樹會有好藥靈。」

由於我們攀樹的時間並不多，加上一陣陣風雪也讓我不能自在地在樹上到處遊走，光是在同個地方做些影像記錄，幾乎就耗盡了時間。即使這樣，我還是觀察了樹皮上由真菌形成的神祕幾何圖案、啄木鳥在乾枯樹幹

水楢樹與攀樹人。

看著這些往外延伸的次主幹，每一處蜿蜒都讓我感受到歲月的刻畫。

上鑿出來的樹洞、脫下手套去感受水楢樹的樹皮觸感……雖然這些事在樹下一樣可以做到，但我仍慶幸自己擁有足夠的攀樹技術，能夠在樹上離地近十公尺的高度做同樣的事，讓這些原本感覺普通的自然觀察，突然變得特別起來。

離去前，我想著如果自己生活的地方能有這樣一棵充滿歷史的大樹，而且只要花一點車程就能到達，那會是多麼令人滿足的事啊！我肯定能在這樹上樹下待上一天也不覺得膩。至於北海道，也許我會選在金黃的秋天再次造訪山毛櫸森林，而水楢樹這裡，我每個季節都想再來；但那都是之後的事了，現在我只想沉浸在這段美好的時光，雖然知道這棵樹肯定不是在等待我，但我相信這絕對是醞釀了五百年的相遇。

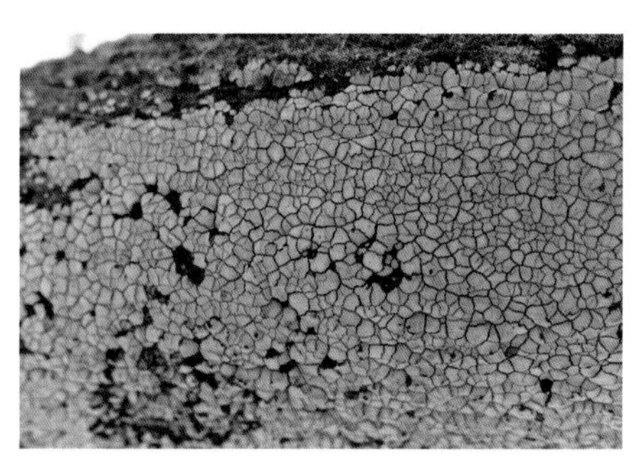

樹皮上的真菌。

感受水楢樹的樹皮觸感。

從雪原上遠望五百歲的水楢樹，
五百年後又會跟誰相遇呢？

DIARY .13

北海道的攀樹之旅，到這棵水楢樹就是最後的尾聲了，後來我才知道這棵五百歲的水楢樹，似乎是北海道第二古老的水楢樹，原來我們在不知不覺中攀了一棵比想像中更了不起的大樹！

不過對於「攀樹」這件事，每個地方與國家的人民認識與接受度還是不同，像是爬完這棵五百歲的水楢樹後，小米將我們這天攀樹的照片放到她的臉書上，當然有得到讚嘆，卻也引來一些反對的聲音，最後不得不將照片刪除以省去一些麻煩。我在自己的臉書上放了跟小米同樣的照片，得到的幾乎是一面倒的驚

羨，可能是因為我的朋友群比一般人稍微了解攀樹，所以幾乎已沒有人會來質疑我（也可能是不敢吧）。至於攀樹會不會對樹造成影響？答案是「幾乎不會」。小米的遭遇讓我更堅定，應該要好好讓大家認識攀樹這件事。當然北海道似乎越界太多了，就交給日本的攀樹協會吧！我還是先深耕這座養我育我的寶島就好。期待大家都能與一棵平易近人的大樹相逢，而我們或許也能為五百年後的誰，準備一場與大樹的相遇！

Tree Dictionary

攀樹小百科：常見 Q&A

01

攀樹是怎麼樣的運動？為什麼要攀樹？

攀樹技術當初發展的目的，是因應樹木工作上的需求衍生而來。從林業及伐木開始發展，到現在除了滿足樹木工作的需求外，也成為一種休閒活動，慢慢有藉由攀樹讓人們親近大自然的活動，甚至達到森林治療效果。

現在攀樹運動已慢慢被大眾認識與接受，更發現運用攀樹技術做樹木修剪的優點，因此攀樹既可以是休閒活動，更是一門工作上的專門技術，還能推展到其他與樹木相關的使用。

期望每個人都能藉由攀樹更了解樹木，進而去愛護、重視我們的樹木及環境。

工作攀樹

攀樹技術依照目的需求，可約略分為工作攀樹技術及休閒攀樹技術，工作的攀樹技術運用諸如樹木修剪、危樹移除、樹冠層調查、種子採集及攀樹比賽等，這些需要較為複雜的攀樹技術及較多的攀樹器材，風險也相對提高。

Point

攀樹相關組織包含各國家或地區的樹藝協（學）會，如國際樹藝協會（International Society of Arboriculture，以下簡稱ISA），其總部在美國，但許多國家皆有分部，臺灣目前也有ISA分部。澳洲則有自己的樹藝協會，而英國除了ISA外，還有自己的樹藝相關協會。

雖然每個協會都各自運作，但關於攀樹技術幾乎相同，安全規範上也沒有相差太多，以ISA來說是依照ANSI Z133的安全規範。正因如此，才能衍生出全世界標準相同的攀樹比賽，通常各地區（國）會先辦理當地的攀樹比賽，每年再推派代表去參加世界性的攀樹比賽（International Tree Climbing Championship，簡稱ITCC）。

休閒攀樹

休閒攀樹則大致包含了攀樹體驗、攀樹露營等，需要的技術與器材也相對基本及單純，主要代表為國際攀樹人組織（Tree Climbers International，以下簡稱TCI）。休閒攀樹活動主要是藉由最為簡單的攀樹技術，讓參與者能攀爬到樹木上，除了親近樹木外，更可藉由這種活動進行環境教育與宣導。

Point

大約在二〇〇四年的時候，開始有TCI攀樹技術引進臺灣；直到二〇一一年底ISA工作攀樹技術才開始進入臺灣，而筆者即為第一批在臺灣學習ISA攀樹技術者之一。

1 樹上採集工作。

2 一般民眾皆能進行攀樹體驗。

2 攀樹有危險嗎？

這題答案絕對是肯定的，但比起用「危險」這字眼，我想用「風險」可能更為恰當。就如同登山有風險、攀岩有風險、游泳有風險、騎自行車有風險、跑步有風險……諸如此類，其實只要進行戶外活動就有風險。不過普遍來講，這些大眾覺得很「危險」的戶外活動，真正受傷或致死的比率皆遠低於一般交通事故。我們都很習慣且被教導要遠離「危險」，但風險其實一直都存在，重點在於知道會有什麼風險，並了解如何進行風險管理，這才是避免「危險」的根本。

攀樹跟其他戶外活動相同，參與者一樣要去了解且學習攀樹的風險。若是單純的休閒攀樹，主要就是學習如何判斷樹木的健康，以及怎麼選擇適當的樹木枝椏來設置攀樹繩，並懂得判讀周遭環境（例如蜂類的影響，這通常最有立即危險），這樣基本上就已足夠，此外也要不斷提升自己攀樹的技術。

至於工作的攀樹修樹，那風險便大為提高。除了休閒攀樹所有的風險外，更需要熟習其他工具的使用與注意事項，例如使用鏈鋸應該穿戴安全防護裝備，包含降噪的耳罩、防鋸褲、手套、護目鏡等，而且不只要能在地面上熟練使用，更要能在樹上操作。相對來說，休閒攀樹真的簡單且安全許多。

總之，如何正確且安全地學習攀樹相關知識，並提升攀樹技術，肯定是最為基本與必要的事。

Let's climb for fun, and climb safely!

3

攀樹對樹木有影響嗎？

攀樹肯定會對樹有影響，但影響程度則要視樹種而定。一般來說，攀樹對樹的影響小到可以忽略，而最常見的影響就是攀樹繩對樹皮的摩擦。為了避免這種情形，我們會建議大家在攀樹時加裝樹木保護器，在有保護器的狀態下，幾乎能完全免除攀樹繩在樹皮上磨擦的影響。

至於沒有加裝樹木保護器，攀樹繩的摩擦會不會達到讓樹木受傷的程度？事實上也幾乎不會。由於攀樹繩相對來說並不算細（直徑在十一公釐以上），因此攀樹時大概只會將樹皮磨擦得較為光滑，甚至連磨出凹槽的情況都沒有，距離傷害到樹木的形成層還差得遠，在《攀樹人》（*The Man Who Climbs Trees*，商周出版）一書中，作者詹姆斯．艾爾德里德（James Aldred）也提過相同的經驗：「樹的強壯比我們想像的大多了，用刀在樹上砍出痕跡，可能都還只是在其厚壯的樹皮外層，連真正內層的樹皮都還沒碰觸到。」

不過我們仍必須要考慮到樹種差異及磨擦頻率。例如茄苳樹的樹皮很薄，比較容易被攀樹繩磨傷，所以在攀爬這類樹皮薄的樹種，就應該加裝樹皮保護器；若是這棵樹常有被攀爬的機會（也許一週有一至二次），由於被磨擦的次數相當高，影響會逐漸累加，因此也該加裝樹木保護器。

綜合來說，樹木比我們平常的「認為」還強壯許多，攀樹對樹木的影響實際上遠小於天然災害。強風經常會將樹木的枝椏吹斷，颱風則更甚於此。另外，對樹木維護不當的人為影響，通常又比天災更大，諸如修剪不當、樹穴保留太小，還有種植樹木時未將包覆土球的不織布拆除，而導致所謂的「尿布樹」，這種樹更容易在強風下傾倒。當然，人類對於環境的破壞，對樹所產生的影響就更大了。與上述種種情形相比，攀樹的影響幾乎是微乎其微，而且我始終相信，攀樹的人肯定會更愛護樹木。

樹木保護器。

4

如果攀樹遇到下雨天……

臺灣春夏秋冬四季皆適合攀樹，但若要說我最喜歡的季節，絕對非秋季莫屬。夏天那麼酷熱，攀起樹來常是滿身濕黏的臭汗；冬季雖不會流汗，但前置作業需要在低溫下進行，也是一種折磨；春季雖然溫暖宜人，但臺灣春雨常導致濕度太重，也令我無法喜歡；相比之下，秋天涼爽宜人，十分適合攀樹。

至於天候的部分，有一種狀態絕對不可進行攀樹，那就是雷雨氣候。因為落雷會產生直接而致命的危險，所以在打雷天候下不該攀樹。我本身曾有過一次相關經驗（當然沒有被雷打到……不然就無法在這寫文章了）：那是某個夏天午後，我剛結束攀樹活動，正趕著在午後雷陣雨前將樹上的攀樹繩撤下，這時天空突然一聲裂天響雷，估計打在距離我幾百公尺遠的地方；而響雷之前的那道閃光，嚇得我反射地抱頭趴臥在地，至今想來仍心悸猶存，從那之後我在可能有落雷的天氣便會盡量避免攀樹。

倘若沒有打雷只是下雨，除了樹皮會比較濕滑外，並不會有太大安全上的影響。不過比較惱人的是，混濁的泥水會沿著繩索流進身上，以及結束後繁雜的裝備整理與清洗地獄。當然，我想沒有人會在颱風天攀樹吧！

5 什麼樹能爬？什麼樹不能爬？

我最常回覆的答案是「都可以爬」，不過要做好樹木風險評估，並選擇安全的枝椏……就算是全身長滿突刺的樹（例如美人樹），還是可以藉由攀樹技術到達樹上，但就是要小心被樹上的尖刺弄傷，以及注意攀樹繩的耗損。

找到支點，竹子也能爬。

另外也常有人問我：「椰子樹可以爬嗎？」棕櫚科這類的樹同樣可以進行攀爬。當然，我這裡指的不是熱帶地區那種徒手往上爬採椰子的方式，而是運用攀樹技術來進行，只是必須比一般攀爬多做點變化，才能安全地攀上椰子樹。我某次在臺灣南部一所學校進行攀樹教學時，剛好校園裡有不少結果的椰子。在課間休息時，我獲得校方的同意，便攀上其中某棵椰子樹；除了將枯死垂掛的葉子整理下來，以免它們日後不預期掉落外，也順道採了許多椰子，為炎熱的夏日提供消暑飲品。

當然，如果是要進行休閒活動，那麼樹冠開張、能提供較多站立與坐下空間的大樹，自然是最好的選擇。有時我們因工作需要去做樹木修剪，可就沒有「長滿尖刺的樹不爬」這選項了。我印象最深刻的一次，便是在臺北光點電影院門口為兩棵「金龜樹」修剪。這種看似和藹可親的樹，完全不像表面上那一回事，不只樹幹上布滿細小的尖刺，連所有的枝椏上也是如此，整棵樹唯一沒刺的，大概就只有那青翠可愛的葉片了……。

6

攀樹前會先跟樹說說話嗎？

很多人常問我：「你會跟樹說話嗎？」這種問題說真的讓我很難回答。畢竟我本身算是無神論者，但對所有神、鬼、佛都抱持尊重的態度。相較於宗教信仰，我更傾向靈性之類（萬物有靈）的說法。總之，我是相當科學論的人。某些人覺得攀樹開始前，先帶孩子或參加者一同去摸摸樹、跟樹說話，可以使這些攀樹活動的體驗者懂得尊重樹木。我想這應該還是有效果吧！

不過我本身更喜歡讓參與者攀完大樹後，能感受到大樹帶給他們的那種感動，進一步過來對我說：「為什麼路邊的樹跟這裡的不同？都好醜。」「我們那麼多人爬到樹上，會不會對樹有影響？」「站在樹上看出去的風景完全不一樣耶！」甚至有小孩會來問我：「我可以在離開前抱抱那棵樹嗎？」讓經驗自己說話，這是我更喜歡的模式。所以你說我會不會跟樹說話？當然不會，因為我不懂樹的語言呀！不過在我幾次攀完神木後，也都做了跟那位小孩一樣的事——與樹擁抱。我覺得那是無法用語言形容的尊重跟感動，只想謝謝祂給了我無與倫比的經驗，並請祂繼續努力待在這個地球上。

因此，如果你問我：「為什麼丟豆袋都丟不中？是不是要去跟樹說一下話，請它給我攀爬。」這類的問題，我應該會回答你：「那是你技術不好，再多練練吧！」

7

為何要修樹？什麼樹會需要修剪？

關於為何要做樹木修剪，如果先不考慮林業上的整枝這部分，實際上需要進行修剪的樹木，都是在有人類活動的區域。具體來說，森林裡的樹木並不需要人為修剪，因為森林有自己演替與淘汰的機制；但如果是森林遊樂區裡的步道，就需要定期去維護周邊的樹木。同樣地，公園裡的樹木因為有人群活動，因此也需要修剪跟維護。

至於什麼樣的樹需要修剪，不妨換個角度來說明。一棵樹應該修剪之處，首先就是可能會造成危險的部分，例如枯死、風斷的吊掛枝，都是明顯存在風險的枝條，不只可能會砸傷行人，對攀樹者也有一定的風險，因此不需考慮，應該盡快移除。再來是生病的部分，這比較偏向潛在的風險，若能愈早移除，愈能避免之後的不定時炸彈。

除了上述兩種情況外，再來便是看該環境或主管機關的需求，像是颱風來臨前的疏枝，或是颱風過後的斷枝修復等。不過可惜的是，目前臺灣對樹木維護仍算是相當不友善的態度，雖然有慢慢在改變，只是改善速度遠小於破壞速度，斷頭樹木隨處可見。現在許多縣市已經有受保護老樹的管理條例，可以避免老樹被隨意修剪跟破壞；但我認為其他不是受保護的樹也是樹，應該給它們公平的待遇。畢竟我們現在若不去保護那些一般樹木，以後怎會有更多的老樹與大樹呢？

雖然我的工作有一部分是攀樹修樹，但我最愛的是攀樹，卻不是修樹，當然一棵樹的某些地方確實是應該修剪，可是只要修剪就回不去了。對我來說修樹是減法，所以在修剪前應該更多思考為妙。

8 攀樹修樹的優缺點

修樹這件事，並非是因為我們會攀樹，所以樹木才修得比較好，「樹木修剪」是不同於「攀樹」的另一門專業知識與技術。以我來說，是先學會攀樹後才慢慢學習樹木修剪，因此攀樹師比較像是「能使用攀樹技術在樹上進行樹木修剪的人」。重點不是會不會攀樹，而是樹木修剪這件事有沒有正確且確實地被執行。

使用攀樹跟運用吊車來修樹，當然各有優缺點，運用吊車來進行樹木修剪，通常效率更高，修樹者的風險相對較低，但有相當大的地形限制，樹木也常會有「內部無法修剪」或「東西南北其中一面可能修剪不到」的狀況。攀樹修樹則能完全克服地形限制，樹體內部也可以進行修剪。也就是說，使用攀樹技術進行樹木修剪，能到達整棵樹的任何一處去作業。

另外，若樹木下方有房舍等不可毀損的人造物，攀樹師亦能配合樹木溜纜技術來避開（Rigging，運用繩索不讓修剪下的枝條直接掉落到地面，亦可藉此控制其掉落的位置與方向）。至於在費用上，攀樹修剪與吊車等機具相比，其實也是相對經濟；但攀樹修樹不適合拿來當作「造型」的修剪技術，而且修樹效率與攀樹者的體能及技術直接相關。

每一棵樹或每一根枝條，都是多少時光的成長與累積，因此對樹木多思考一分鐘、多一些細心地修剪，我想也是值得。

項目	攀樹	吊車
效率	較低	較高
風險	較高	較低
費用	較經濟	較高
地形限制	較低	較高

Tree Dictionary

攀樹小百科：上樹的流程

02

初次攀樹前要做什麼預備呢？

如果是首次攀樹的初學者，請避免獨自進行攀樹活動，並請一位攀樹老師（教練）在旁協助與教授攀樹技術。等到可以獨立攀樹後，當然要做好當次的攀樹計畫，如果需要先登山或健行，則需做好時間管理及路線規劃。抵達目標樹的位置後，要先進行樹木的風險評估，以確定樹木的健康與安全是否適合攀爬。每次攀樹前跟攀樹後，務必要做裝備檢查，除了確定有無缺漏外，更要檢查每項裝備的耗損程度；如此，才能達到裝備的安全保護作用。攀樹活動結束後，請保持環境原有的樣貌，基本上是遵守無痕山林（Leave No Trace，簡稱LNT）的原則。

計畫攀樹活動的流程

入門

找專業教練帶領 → **時間及路線規劃** → **樹木的風險評估** → **裝備檢查** → **開始攀樹** → **整理環境**

可獨立攀樹

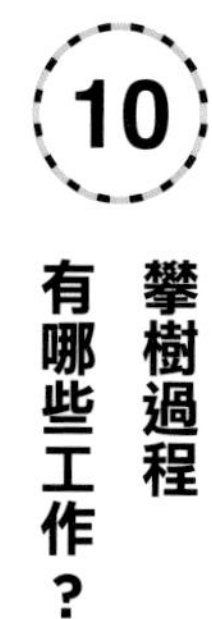

攀樹過程有哪些工作？

攀樹從準備前到攀樹結束的整段時間中，簡單來說大致包含了：器材確認跟檢查、環境與樹木評估（風險評估）、繩索及系統架設、裝備回收盤點、環境復原整理等，通常這些工作有些是屬於個人的部分，有些則由當次的攀樹團隊共同完成即可。

例如器材確認跟檢查，就有個人防護裝備（Personal Protective Equipment，簡稱PPE）及團隊共用器材的分別。

爬樹的流程

上樹前

- 選好目標樹 ←
- 依照目標樹準備器材 ←
- 樹木健康評估（風險評估） ←
- 攀樹計畫擬定 ←
- 選擇安全的枝椏 ←
- 投擲豆袋 ←

- 架設攀樹繩（含重量測試等） ←
- 攀樹系統（繩結等）設置及測試 ←
- 等一切完成後就開始攀爬 ←

上樹中

- 同時確認樹上的風險 ←

下樹後

- 裝備回收盤點 ←
- 環境復原整理

11 攀樹過程的角色分配

攀樹過程其實並沒有明顯的角色分類，畢竟最後都同樣在攀樹，只有經驗多寡與技術高低的差別。

開始攀樹時，如果是大家都沒攀爬過的樹，通常會由攀樹能力最好或經驗較多的攀樹者先攀上樹進行檢查。因為有許多樹木風險常常是在樹下不可見，必須上樹才能看到（例如樹洞的腐朽）。

在共同工作上，當團隊中有些夥伴較精通某部分時，通常會被分配去負責該項工作（當然這些分配會在事前先決定）。舉例來說，某甲的專長是「樹木的健康判斷」，就會由他進行環境與樹木檢查；同理，最會投擲豆袋的某乙就進行繩索架設，然後再由攀爬技術較佳的某丙負責第一位上樹的工作，這種角色通常我們也會賦予他「攻擊手」的稱呼（攀岩、溯溪也都如此）。攻擊手除了技術要比較好外，也必須能進行一些障礙排除及應變，讓接下來的夥伴能更輕鬆地上樹。當然如果是Big Tree時，攻擊手還需要在樹上替其他人架設好剩餘的攀樹繩。

如果是在攀樹工作（樹木修剪等）時，現場通常還會有一位指揮者，這個角色需要縱觀整個現場，規劃工作流程，以及預測可能的風險，以減少危險發生的機率；面對狀況或傷害發生時，也能啟動緊急應變措施。

團隊分工可善用每位夥伴的攀樹能力，彌補彼此的不足。不過當團隊人數少時，可能就有一位較為多勞者，同時肩負上述甲、乙、丙工作的狀況。

12 「樹木風險評估」是什麼？

樹木風險評估（Tree Risk Assessment Qualification，以下簡稱TRAQ）實際上已是一個專門課程，ISA將TRAQ視為重要的一門課，藉由利用這樣的評估方式與項目，就能對樹木進行風險及健康管理。至於攀樹時的樹木風險評估，當然也相當重要，不過由於攀樹對於樹木健康狀況的要求並不嚴苛，就算不是完全健康的樹，還是能進行攀樹活動。

當然一棵樹本身愈健康，攀爬風險肯定愈低。在此僅簡單介紹攀樹前，我們會對要攀爬的樹木進行最基本的風險評估，而評估重點其實就是以攀樹者安全為考量，大概包含以下幾點：

一、空中是否存在著電線電纜

為避免攀樹者在攀樹過程中觸電，如果樹木有接觸或離周邊的電線電纜相當近，那這樣的樹木就不該進行攀樹活動。

二、樹木周邊環境

確認樹木周遭環境存在的危險因子，例如一些感電的設施，或是地面障礙、溝渠、人車等，若是沒有立即性的危險情況，仍可進行攀樹（當然，危險因子是愈少愈好）。

在郊區或山林裡，則需注意是否有沒注意到的高低落差，以及

當樹木出現空洞或是腐朽，應特別小心注意。

樹冠要注意是否有蟻窩或蜂窩。

一些低矮灌叢的影響（可能會勾住攀樹繩）。

三、樹木健康

評估樹木健康時，我們會採由下往上以目測方式檢查。首先檢查樹木根部是否有腐朽（真菌、菇類是指標）、死亡（白蟻是警訊）、空洞（結構不佳），若有這些現象就有傾倒的可能，不建議攀爬。接著檢查樹幹本身是否有剛才根部檢查的那些狀況；若有則應小心及注意。此外，還要確認在預計攀爬的動線上是否存在大型枯枝，這些枯枝有可能在攀爬過程中斷裂掉落，導致攀爬者受傷。最後是樹冠部分，最該注意的是蟻窩跟蜂窩的存在。如果是蟻窩，應小心不要去擾動，因為某些樹上的螞蟻攻擊力相當可觀；如果發現蜂窩，則應立即停止攀爬該樹，因為蜂類能進行空間上的無差別攻擊，很可能導致攀爬者出現過敏性反應，嚴重者可能死亡，因此絕對要避免攀爬有蜂窩的樹木。

上述幾項是攀樹應該先進行的簡單風險評估。當然在評估後、攀樹前，仍應選擇適當的枝椏（參照攀樹小百科13）。另外要注意的是，已經死亡的樹木不可進行攀爬活動。

13 攀樹時該如何選擇安全的枝椏？

攀樹最可能直接發生的危險就是「墜落」。最主要有兩種狀況會導致墜落，即是「攀樹繩斷裂」或「安裝攀樹繩的枝椏斷裂」。攀樹繩的部分，一般只要選擇經認證的專用攀樹繩，加上每次使用前後做檢查及適當保養，就能大大降低攀樹繩斷裂的風險；至於樹木枝椏，實際上存有許多不定的風險，因此在攀爬前選擇安全的枝椏，便是相當重要的工作。從選擇安全的枝椏到開始攀爬前，大概有以下三個步驟：

一、目視選擇健康的枝椏

對於剛接觸攀樹者或普通人來說，要判斷樹木是否健康或有沒有生病可能有點困難，通常我們會以最簡易的準則來判斷，就是有無樹葉，而枯死的枝椏不可攀爬。攀爬樹木枯死的部分，這是最為直接的危險，而如果是在冬天攀爬落葉樹，就必須增加自己對樹木及樹種的認識了。

二、選擇夠粗壯的枝椏

在ＩＳＡ的著作《攀樹指南》（*Tree Climbers' Guide*，麥浩斯出版）中有說明：「樹木枝幹的大小，會因為不同品種和木材強度有所不同，應該選擇貼近主幹的位置，直徑最少四英寸（約十公

選擇健康、能承受攀樹者重量的枝椏。

分）。」當然書裡沒寫到的還有許多，例如應該選擇往上生長的枝椏較佳，永遠挑較粗壯的那側枝椏等。

三、重量測試

完成前兩個步驟後，最後也最重要的就是「重量測試」。將攀樹繩設置完成後，攀爬者必須先測試上方枝椏能否承受自己的重量，一般是先拉住攀樹繩讓自己懸空，如果上方枝椏沒有因此斷裂或裂開，基本上之後的攀爬過程便不會發生斷裂的狀況。如果測試後還是有些擔心，可以多找一位同伴一同進行上述測試，再次確認枝椏的安全及強度。

上述三項是選擇安全枝椏的基本步驟，至於「判斷樹木枝椏是否健康」這件事，則需要多充實自己對樹木的知識，再配合實際攀爬經驗，如此就能讓自己爬得更安全。我之前也曾攀爬到架設繩索的枝椏（約二十公尺高）後，才發現那根枝椏粗細竟不到十公分（大概只有直徑六公分……）幸好我攀爬的是生長緩慢的針葉樹，因此比平地闊葉樹來得強壯。不過那時我真的相當震驚，這樣細的枝椏竟能承受我的重量，簡直超乎預期。總之就是仔細挑選與小心測試，畢竟安全至上。

攀樹過程，盡量避免影響原有環境

如果到山林裡，請愛護預計要攀爬的樹木，也不要過度整理樹下環境。若是較頻繁被攀爬的樹木，則要注意人為踩踏的問題。

攀樹時更要盡量降低對當地生物的干擾，例如樹上有巢且有幼雛時，則應該停止繼續攀爬該樹。某次我曾在樹上不經意遇到正在育幼的大赤鼯鼠，彼此都被嚇到，便決定立刻結束該次攀樹。大概隔了幾個月後，我才再次回去攀那棵樹。

人類可以改造環境，而環境則需要人類來保護，所以攀樹時應該盡量避免影響原有環境——不論是人造環境或原生環境。

我知道喜歡攀樹的人肯定是更愛樹木，不過我們不僅要愛樹，更要愛我們的地球。Trees are good!

Tree Dictionary

攀樹小百科：裝備與技術

03

15 攀樹裝備有安全規範嗎？

由於許多國家都有運用攀樹技術來做樹木工作的行業，而且不論在哪都被列為危險工作的前幾名（美國幾乎都是前三名），因此對樹木工作的安全都有很完善的規範。例如ＩＳＡ總部在美國，所以對樹木工作的安全就遵照美國國家標準協會（American National Standards Institute，簡稱ＡＮＳＩ）所審核批准的樹木工作相關規範準則——ANSI Z133。

某些國家則有不同的規範，例如加拿大就有自己的標準協會（Canadian Standards Association，簡稱ＣＳＡ），不過內容大致上與ANSI Z133沒有太多差異，幾乎說明所有樹木工作上的相關要求（例如現場人員需受過ＣＰＲ急救訓練），當然攀樹也包含在內。

攀樹裝備更是樹木工作最基本的部分。攀樹裝備中的個人防護裝備包含安全頭盔、攀樹座帶（吊帶）、攀樹繩、鉤環、安全短繩、護目鏡等，除了得通過第三方認證外（例如歐盟檢測認證ＣＥ、國際登山聯合會安全檢測認證ＵＩＡＡ），還有些攀樹裝備特有要求（參照攀樹小百科16）。

Point

進行攀樹休閒活動，若是按照規範較嚴謹的攀樹工作安全規範（例如ANSI Z133），相信對風險管理安全肯定更有保障。但截至本書再版為止（二〇二四年十一月），臺灣不論在工作攀樹或休閒攀樹上皆無相關規範，最接近的只有臺北市及新北市的高空作業規範，但內容則全然與攀樹無關，器材要求也完全不同。因此我還是強烈建議攀樹應該依照ANSI Z133的規範。

16 攀樹的基本器材介紹①

個人安全防護裝備

攀樹裝備與其他戶外活動（例如攀岩、溯溪）所需的個人防護裝備看起來雖然相似，但實際上幾乎完全不同。嚴格來說，只有安全頭盔可以通用，但在工作攀樹上，頭部的保護除了安全頭盔外，還需要加上護目鏡，所以攀樹裝備可說是另一個專門領域。以下簡單介紹一些基本的攀樹器材，購買時請選擇有安全認證的裝備，目前以CE的認證為多數，而UIAA亦可。首先介紹與生命有關的個人安全防護裝備。

① 安全頭盔 **Helmet**

主要功能為保護頭部，有些款式可加裝護目鏡。

② 護目鏡 **Eye protection**

用來保護眼睛，可以使用獨立的護目鏡或裝卸在安全頭盔上的護目鏡，但必須另外符合ANSI Z87.1的防爆裂規範。

攀樹座帶　　Saddle

為攀樹專用裝備，其設計功能及重心分配都是從攀樹出發，所以不能將攀岩或溯溪用的座帶拿來進行攀樹活動。此外，攀樹座帶還可依休閒攀樹跟工作攀樹來區分，休閒用攀樹座帶適用於垂直上升與下降，而工作攀樹座帶除了上升與下降外，橫向移動則更加便利，因此價格也比較高。當然，使用工作攀樹座帶進行休閒攀樹肯定沒問題。

攀樹繩　　Climb rope

為攀樹專用的編織繩，不同於一般攀岩使用的動力繩（dynamic rope）或垂降及上登用的靜力繩（static rope）。相較於一般動力繩跟靜力繩，攀樹繩除了在延展性上是屬於低延展的靜力繩外，材質上更多了「耐熱」這項重要特性，所以不可將一般動力繩或靜力繩使用在攀樹活動上。在ANSI Z133的規範上，攀樹繩的斷裂荷重（minimum breaking strength）應該在5400lb以上。

第二道確保

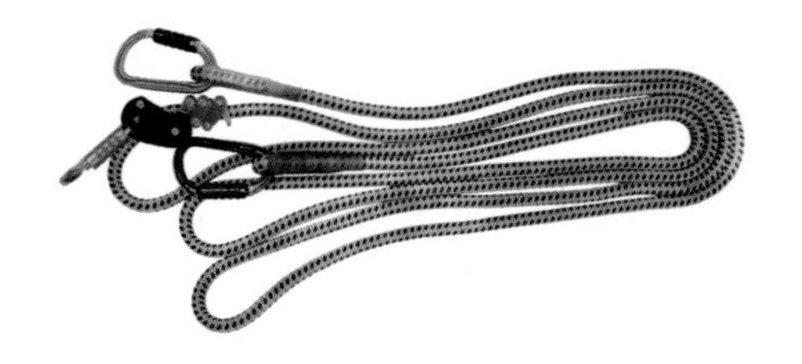

安全短繩組 **Lanyard**

安全短繩是除了攀樹繩以外的第二道確保，通常可視為一組獨立的攀樹系統，因此同樣具備可調整長度的特性。一組安全短繩通常包含了鉤環、輔助滑輪、磨擦短繩及長度不等的攀樹繩（較常用為5公尺）。

鉤環 **Carabiner**

根據ANSI Z133的規範要求，鉤環需要具備自動上鎖（autolock），且必須經過三個動作才能打開，以及5000lb以上的斷裂荷重等條件，材質則不限鋁合金或鋼製。手轉上鎖的鉤環不可使用在攀樹上。

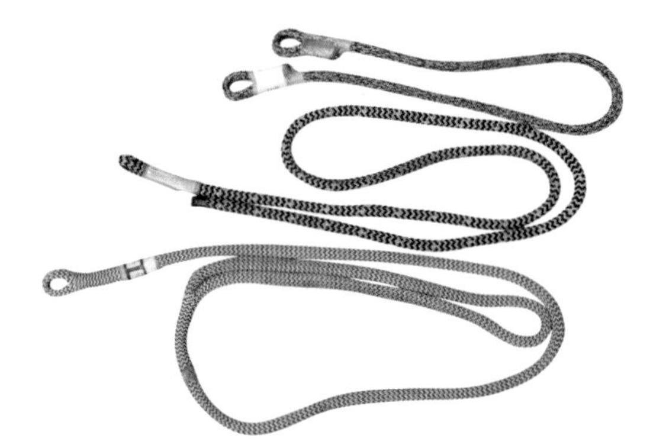

磨擦短繩 **Hitch line**

用來設置攀樹時控制上升與下降的繩結系統，規範和攀樹繩相同，通常耐熱及強度都會高於攀樹繩。

17

攀樹的基本器材介紹②

其他輔助

除了上述的個人安全防護裝備以外，還有一些我們常用到，但並不會直接與攀樹者人身安全有關的裝備，然而要是沒有這些輔助器材，也會使攀樹這件事變得窒礙難行。

馬刺　Spurs

攀樹用的馬刺為一種穿戴在腳上的攀樹工具，有點類似騎馬者用來刺激馬匹用的馬刺鞋，故亦稱為馬刺。在腳底位置有一突出的尖刺，攀樹者便是利用這尖刺來將自己固定在樹上，也因為這尖刺會對樹木造成永久性傷害，因此只會用在即將伐除或已經死亡的樹木，以及需要緊急進行樹上救援的狀況。

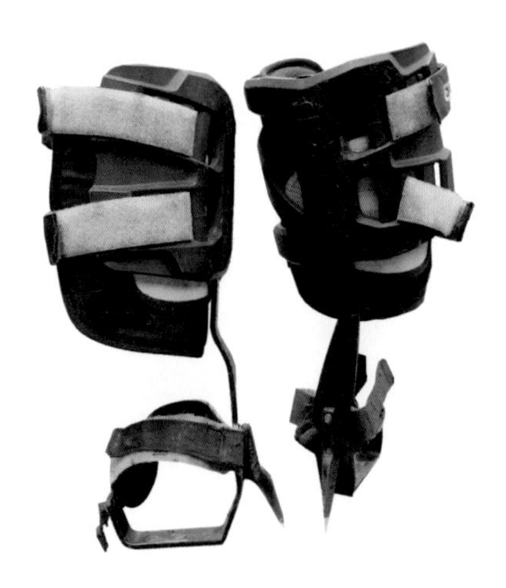

樹木保護器　Cambium saver

可以讓攀樹繩架設在樹上時，不直接與樹枝接觸，除了可保護樹木不被繩索磨傷外，同使也降低攀樹繩的耗損，常見的樹木保護器有我們俗稱的水管（內層為金屬）及大小圈。

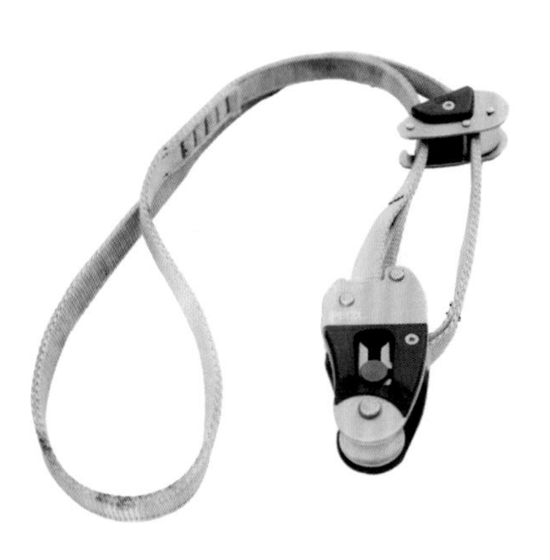

① 投擲繩 Throw line

用來連結豆袋及置換攀樹繩，需要一定強度才不會被輕易拉斷，強度通常落在200lb上下，視各廠牌而定，較常使用的粗細為1.6～2.2公釐。

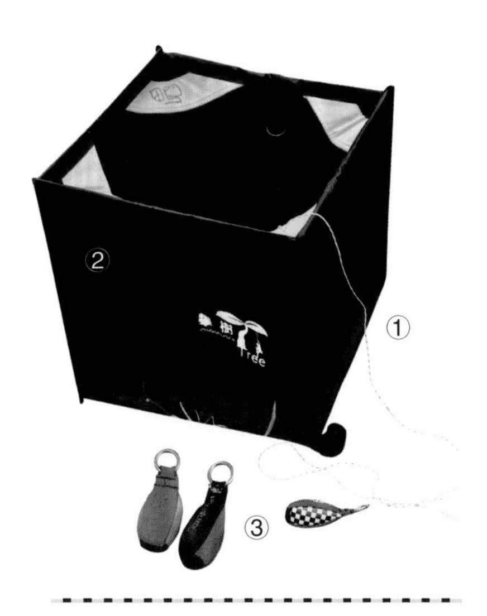

② 投擲繩收納袋 Storage

收納投擲繩及豆袋用，可降低投擲繩打結的狀況。有許多種形式，較常用的是展開後可變成一個立方體，俗稱cube。

③ 豆袋 Throw weight

在架設攀樹繩到較高的樹上前，會使用內裝鉛砂、類似砂袋的重物，俗稱「豆袋」。將豆袋綁上投擲繩並拋到樹上預計的位置後，再將投擲繩置換為攀樹繩。豆袋的重量有6、8、10、12、14、16oz不等。

扁帶繩環 Sling

扁帶為一種類似窄版的安全帶紡織品，具有相當的強度，在某些情況下會被拿來做為繩索的取代品，這裡的扁帶繩環是指將扁帶兩端連結在一起，成為一個環型的帶狀，在樹上常會用來吊掛物品。

手套 Gloves

避免手部因為繩索等器材摩擦而受傷。建議選用沾膠之手套，可提高抓握繩索的摩擦力。

18 樹上專用吊床

被直接稱為樹船的Tree Boat，因為躺在裡面就像被一艘船給包覆住一般，這是一款專門設計給攀樹者在樹上使用的吊床。最常被問到的問題是：「在裡面翻身，人會不會掉出來？」而我最常的回答是：「如果會夢遊的話，我就無法保證……。」

8字結　Figure 8 knot

在攀樹上常做為繩尾中止結，或是防止繩結滑脫的止滑結。

雙8字結　Figure 8 loop

會形成一個做為連結吊帶與繩索的繩環結。

布雷克結　Blake's Hitch

目前最基本的攀樹系統用繩結，攀樹者運用此繩結來上升與下降，較常用在攀樹體驗活動上，當然運用於攀樹修剪也沒問題。

活結　Slip knot

在攀樹時通常做為避免攀爬者突然從攀樹繩上滑落的安全結（例如布雷克結會卡在活結上，不再繼續下滑）。

VT結 **Valdetain Tresse Hitch**

作用等同於布雷克結，但在樹上移動時效率更佳，攀樹修樹者較常使用繩結。

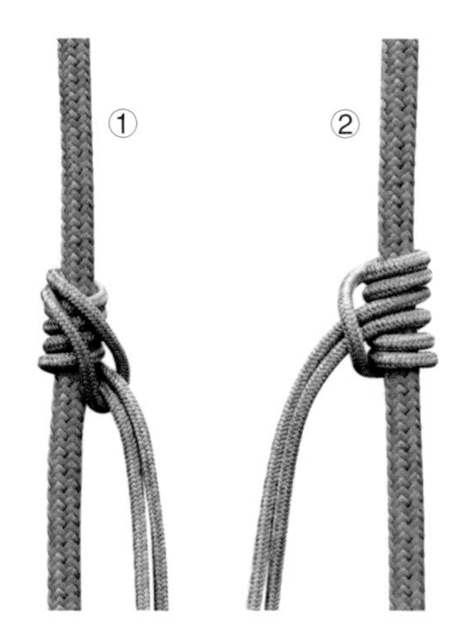

① 克氏結＆ ② 普魯士結 **Klemheist & Prusik Hitch**

利用一獨立繩環設在攀樹繩上，成為固定的腳踏點，常使用在MBT的攀爬法上（參照攀樹小百科21）。

雙漁人結 **Double fisherman's knot**

與雙八字結有相同作用，但因為受力會愈來愈緊，因此可避免鉤環受力在不當的位置（橫向受力）。

如何架設攀樹繩？

架設攀樹繩到樹上這件事可以說簡單卻又困難，而且通常是意外的簡單，但如果沒有實際看人操作一次，很可能想破頭也想不到，甚至有人在聽到我說的答案後，竟然覺得我是在敷衍他；有時反而說「要先養一隻猴子」這種答案還比較能被大家接受（真是哭笑不得）。

架設攀樹繩上樹的大致流程

1

先選好目標的樹椏。

2

用離心力將綁有豆袋的投擲繩甩到樹椏上。

3

將投擲繩綁上攀樹繩。

4

把攀樹繩拉到樹上，通過樹椏後回到地面。如果有需要，應架設樹木保護器。

上述為直接用自身力量及離心力將豆袋往樹上拋，但可投擲的高度及準度則因人而異，像我自己的極限，大約是在高度二十五公尺內仍有準度。由於這有身體能力上的限制，因此便有一些輔助的工具發展出來，一般較常用到的有大彈弓和俗稱「空氣砲」的拋繩槍兩種；國外常見的還有十字弓或填充火藥的拋繩槍，不過十字弓與火藥拋繩槍我沒嘗試過（在臺灣應該也會礙於安全無法使用），以下簡單介紹大彈弓與空氣砲給大家了解。

空氣砲

空氣砲是運用空氣壓縮的原理將豆袋發射出去，這裡我所使用的是APTA（AIR POWERED TREE ACCESS）這項產品，是由空心鋁管所組成。我覺得外形像扛在肩上的那種火箭砲，藉由一般的打氣筒，將空氣打入鋁管中壓縮，再由閥門一口氣釋放將豆袋噴射出去。目前可將豆袋噴射的高度是35至40公尺左右。

大彈弓 **Big Shot**

大致上皆為由二節可分離的鋁合金桿組成，長度約2至3公尺，再加上一個帶有彈力橡皮管彈弓頭，基本上就是一個放大版的彈弓。不過大彈弓要架在地上使用，使用時同樣要將繫上投擲繩的豆袋放在橡皮管中盛裝豆袋的位置，再用身體重量將橡皮管往下拉，對準目標後彈射出去。目前我們嘗試過可彈射的高度大約是高度40公尺左右，而對我來說使用上的最大障礙是「體重不夠」，無法將橡皮管往下拉到夠低的位置，常常要兩人協力才行。

攀樹上升方法①
MBT（Modified Body Thrust）手腳推進法

我都笑稱手腳推進法是一個「只要不放棄，就能爬上去」的攀樹方法，由於是利用手與腳搭配的方式攀爬，故因此得名。在攀樹上升技術中，此法最為易學易懂，通常進行休閒攀樹也是使用這種方法，讓初次體驗者能順利攀到樹上。一般多搭配布雷克結，不過只要是攀樹系統用的繩結，皆可搭配此攀爬方法，下面以布雷克結為例。

首先在在攀樹繩結下方用一輔

2

助繩環，打設好克氏結（或是普魯士結），藉由此輔助繩環的固定，製造出一個可移動的腳踏點，先讓攀樹者懸掛在空中（離開地面），然後運用腳踏輔助繩環，當腳用力往下踩，將身體往上撐（類似蹲下起立）的同時，再把攀樹系統（布雷克結）往上推，如此便完成一次循環。如欲繼續上升，則以腳踩輔助繩環再次往上提高。重複上述動作，便能讓自己向上推進。

攀樹上升方法②

BT（Body Thrust）身體推進法

此方法不同於MBT，比較需要依靠上半身的力量來攀爬，而且必須盡量靠近樹木本身。首先將雙腳踩或夾在樹木本身，使身體上半身與下半身大致呈現L型，雙腳約略高於腰部。雙手抓握住攀樹繩，藉由腰部（核心肌群）往上挺起的力量，順勢將攀樹繩握緊往下，再將摩擦繩結往上推緊（布雷克結）或將攀樹繩往下收緊（VT結）。重複上述動作就可向上攀登，此方法是目前多數攀樹使用的上升方式，如搭配VT結使用時，請注意要隨時將攀樹繩收緊。

1

2

3

4

23 攀樹上升方法③

腳鎖式（FootLock）

腳鎖式通常用於攀樹者懸空時，如能熟習此方法，可以代替ＭＢＴ中的腳踩輔助繩環，以此法快速上攀。首先將攀樹繩置於一腳（例如右腳）的腳掌外側，另一腳（左腳）由下方繞過勾住攀樹繩，將攀樹繩往上帶到右腳腳背上用左腳踩住，踩住前將雙腳上抬至極限（視各人柔軟度而定），用力踩住攀樹繩後站起，同時順勢將攀樹繩結往上推或收緊（布雷克結往上推，ＶＴ結則會自行拉緊），如此重複腳鎖動作則可較為快速向上攀，此方式需多加練習，並搭配鞋紋較深之工作鞋，可發揮較佳效果。

1

2

3

4

24

攀樹技術的發展

單繩系統與雙繩系統

攀樹技術發展至今仍持續改進中。自從繩索製造有了耐熱上的技術突破後，攀爬技術便有了大幅度成長，發展至今除了成熟且廣用的雙繩攀樹技術（MRS, Moving Rope System）外，單繩的攀樹技術（SRS, Stationary Rope System）也隨著機械式攀樹器材的進步而愈來愈普遍被接受及使用，最大的差異就是在2024年之前ISA的攀樹師術科考試只允許使用雙繩的攀樹技術，2024年開始在攀樹師考試時已可接受單繩或雙繩的攀樹技術的使用。

雙繩系統為類似動滑輪的模式，因此屬於較為省力的攀樹方式，單繩系統則沒有省力的作用。但從上升的效率來看，雙繩為二分之一效率（每往上爬一公尺，實際只上升零點五公尺），單繩則為一比一的效率。兩個系統個自有優缺點，以個人經驗來說，如果是要攀爬相當有高度的大樹（三十公尺以上），通常會採用單繩攀樹系統上升到需要的位置或高度，再轉換為雙繩的攀樹系統進行樹上工作，但兩者的使用比例皆視每個攀樹者的習慣而定。

雙繩系統 MRS

- 攀樹技術主流
- 較為省力

單繩系統 SRS

- 蓬勃發展中的技術
- 較有效率

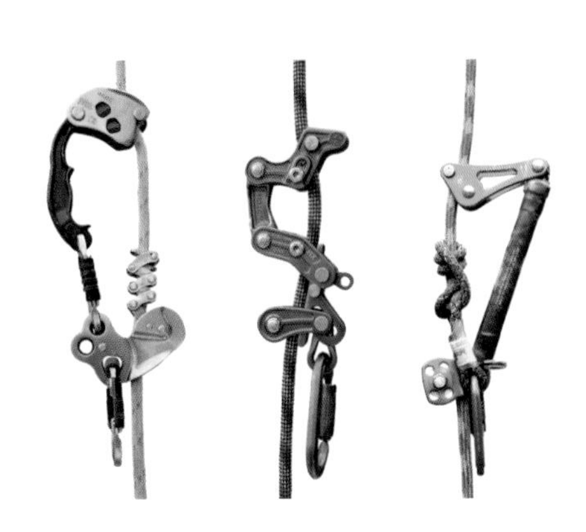

樹上看見的世界

攀樹人與老樹、巨木的空中相遇

〔2024暢銷改版〕

作者|翁恒斌(鴨子)
攝影|王正毅
美術設計| D-3 Design

社長|張淑貞
總編輯|許貝羚
責任編輯|謝采芳
編輯協力|彭秋芬、DoubleTabbyCats
行銷企劃|黃禹馨

發行人|何飛鵬
事業群總經理|李淑霞
出版|城邦文化事業股份有限公司·麥浩斯出版
地址| 115台北市南港區昆陽街16號7樓
電話| 02-2500-7578
傳真| 02-2500-1915
購書專線| 0800-020-299

發行|英屬蓋曼群島商家庭傳媒股份有限公司城邦分公司
地址| 115台北市南港區昆陽街16號5樓
電話| 02-2500-0888
讀者服務電話| 0800-020-299(09:30 AM ~ 12:00 PM · 01:30 PM ~ 05:00 PM)
讀者服務傳真| 02-2517-0999
讀者服務信箱| E-mail:csc@cite.com.tw
劃撥帳號| 19833516
戶名|英屬蓋曼群島商家庭傳媒股份有限公司城邦分公司

香港發行|城邦〈香港〉出版集團有限公司
地址|香港九龍土瓜灣土瓜灣道86號順聯工業大廈6樓A室
電話| 852-2508-6231
傳真| 852-2578-9337
Email | hkcite@biznetvigator.com

馬新發行|城邦〈馬新〉出版集團Cite(M) Sdn. Bhd.(458372U)
地址| 41, Jalan Radin Anum, Bandar Baru Sri Petaling, 57000 Kuala Lumpur, Malaysia.
電話| 603-90578822
傳真| 603-90576622
Email | services@cite.my

製版印刷|凱林彩印股份有限公司
總經銷|聯合發行股份有限公司
地址|新北市新店區寶橋路235巷6弄6號2樓
電話| 02-2917-8022
傳真| 02-2915-6275

版次|再版一刷 2024年11月
定價|新台幣 499 元/港幣 166 元
ISBN | 978-626-7558-33-1(平裝)

Printed in Taiwan

樹上看見的世界:攀樹人與老樹、巨木的空中相遇/
翁恒斌(鴨子)著. -- 再版. -- 臺北市:城邦文化事業
股份有限公司麥浩斯出版:英屬蓋曼群島商家庭傳媒
股份有限公司城邦分公司發行, 2024.11
面; 公分
ISBN 978-626-7558-33-1(平裝)
1.CST: 樹木 2.CST: 臺灣

436.1111　　113015321